"十二五"职业教育国家规
经全国职业教育教材审定委员

计｜算｜机｜平｜面｜设｜计｜专｜业

网页设计与制作

（网页设计、制作与美化）

主编　梁铁旺　韩志孝

人民教育出版社 课程教材研究所
职业教育课程教材研究开发中心　编著

人民教育出版社
·北京·

图书在版编目（CIP）数据

网页设计与制作：网页设计、制作与美化/人民教育出版社课程教材研究所职业教育课程教材研究开发中心编著.—北京：人民教育出版社，2015.12

"十二五"职业教育国家规划教材.计算机平面设计专业

ISBN 978 - 7 - 107 - 22233 - 7

Ⅰ．①网…　Ⅱ．①人…　Ⅲ．①网页制作工具—中等专业学校—教材　Ⅳ．①TP393.092

中国版本图书馆 CIP 数据核字（2016）第 067334 号

人民教育出版社 出版发行

网址：http://www.pep.com.cn

大厂益利印刷有限公司印装　全国新华书店经销

2015 年 12 月第 1 版　2016 年 8 月第 1 次印刷

开本：787 毫米×1 092 毫米　1/16　印张：17.75　字数：340 千字

定价：46.50 元

联系地址：北京市海淀区中关村南大街 17 号院 1 号楼　邮编：100081

电话：010 - 58759215 电子邮箱：yzzlfk@pep.com.cn

编者的话

    Dreamweaver、Photoshop 和 Flash 是目前最流行的网页制作工具。它们是网页编辑制作、图像处理、动画制作的专用软件，是网页设计与制作的最佳搭档，三者既相互独立又相互联系，熟练使用它们是网页设计人员必须具备的技能。

    全书共 12 个单元，第 1 单元介绍了网页制作的基础知识。第 2 单元介绍了 Dreamweaver CS5 的工作环境，学习实际创建本地站点。第 3、4 单元是学习创建网页文字、图片，给网页添加文本并对文本进行格式化，创建列表，在网页中添加图像，使用图像属性修改图像，创建简单的 CSS 并将其应用到项目中。第 5 单元介绍了使用层设计网页布局的方法，以及怎样创建层和设置层属性。第 6、7 单元介绍了用表格规划网页布局的方法，框架的基础知识，使用各种类型的框架集，学习根据需要修改框架。第 8 单元是制作个人基本资料表单网页，内容主要涉及了解并掌握在页面中插入表单对象的基本方法，熟练掌握编辑表单对象和设置其属性的方法，设计和创建用于各种用途的表单对象。第 9 单元介绍了为网页添加特效的基本技巧。第 10 单元介绍了创建模板和超级链接的方法，能够使用模板更新页面。第 11 单元介绍了使用切片制作网页的方法。第 12 单元以《汽车网站》网站设计与美化为例，具体讲解了使用 Photoshop 和 Flash 准备网页布局素材的方法，并学习制作各级页面。

    单元栏目设有学习目标、教学案例、举一反三、拓展知识、单元小结、单元习题等。本书以"任务驱动，案例教学"的方式进行讲授，即每一单元教学均由一个精选的案例引入，案例包含了主要的知识点，学生首先学会做，在做的过程中来掌握相关的知识和基本的操作技能，提高学生的学习兴趣，通过每一单元的"举一反三"部分对相关知识进行巩固训练，使学生更熟练地掌握相关技能，同时通过每一单元的"拓展知识"部分对相关知识进行拓展介绍，使学生更全面地掌握相关知识。学生通过学习本书能较全面地掌握网页制作的基本知识和技能。

    本课程的目标是培养学生制作网页界面的能力，所以并不把介绍如何使用某种工具作为重点。在内容设置上充分注重实践性，同时也考虑学生的实际接受能力，并落实中职教育应培养实用人才和熟练操作者的宗旨。本课程的教学任务是：第一阶段的目标为掌握 Dreamweaver CS5 入门知识，创建网页文档，在 HTML 页面中使用图像，插入各种媒体对象，使用表格和框架规划网页布局，使用表单，创建超链接和导航等制作初级静态网站，并学习使用动态网页技术为网页添加特效的基本技巧；第二阶段学习并掌握用 Photoshop、Flash 为网页准备素材的方法和技巧。要在掌握前面内容的基础上学习网站的整体制作过程，让学生在学习的同时，积累网页设计、制作的实际经验。因此，在本课程的教学过程中要注重贯彻理论结合实践的原则，要求学生紧密结合上机充分练习所学的知识和技能。

根据本课程的要求和学生的具体情况，建议本课程的总学时为 66 学时，具体分配如下表所示：

序号	课程内容	学时数		
		讲授	训练	合计
1	第1单元　网页制作入门式	2		2
2	第2单元　网页设计从 Dreamweaver CS5 软件开始	2	2	4
3	第3单元　网页内容巨匠——网页文本设计	2	2	4
4	第4单元　网页点睛神手——图像的美化设计	2	2	4
5	第5单元　网页结构之翼——层布局的设计	2	2	4
6	第6单元　网页方寸间的艺术——表格布局	2	2	4
7	第7单元　网页巨厦基础——框架设计	2	4	6
8	第8单元　网页情感互动机——表单应用设计	2	4	6
9	第9单元　灵动天使——动态网页设计	2	4	6
10	第10单元　网页制作效率利刃——模板和库、超级链接设计应用	4	6	10
11	第11单元　网页提速器——切片运用设计	2	4	6
12	第12单元　《汽车网站》网站设计与美化	4	6	10
13	各单元合计	28	38	66

本书突出理论和实践相结合，内容全面、语言通俗、结构清晰、讲解详细，适合作为高等职业学校、中等职业学校各相关专业网页设计课程的教材，也可供网页设计爱好者学习时参考。

本书在张平、代贤文老师的指导下完成，在此对他们表示衷心的感谢！

由于编者水平有限，书中缺点和错误在所难免，恳请广大读者不吝赐教。

编者

2015 年 10 月

目 录

第3单元　网页内容巨匠——网页文本设计 …………… 53

第4单元　网页点睛神手——图像的美化设计 ………… 73

第1单元　网页制作入门式

学习目标

　了解网站建设基本概念

　掌握网页设计要素

　熟悉网页设计流程

教学案例：初识网站与网页设计

相信很多同学在浏览网页时，面对形式多样的网页会萌生这样的想法：这些网页是怎么做出来的？通过本书的学习，我们将会全面了解网站开发的原理，掌握软件Dreamweaver制作网页的方法和技巧，并能够根据设计需要独立开发网站。

说到网站大家应该并不陌生，在互联网时代，各类网站为我们提供了便利的服务，比如我们要浏览资讯，可以访问搜狐网或者新浪网（图1-1）。

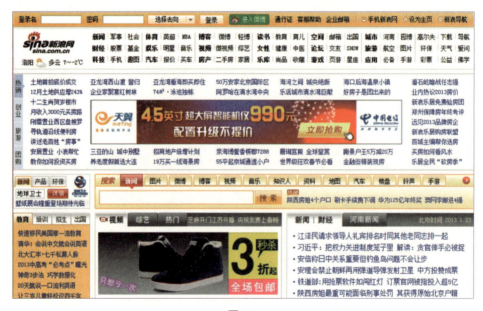

图1-1

如果想要搜索资料，可以打开百度网，如图1-2所示。

图1-2

一、网站建设基本概念

1. 基本概念

（1）网站建设：网站建设指的是使用标记语言，经过一系列设计、建模和执行的过程将电子格式的信息通过互联网传输，最终以图形用户界面（GUI）的形式被用户所浏览。简单来说，网页设计的目的就是产生网站。

（2）网页：通常我们浏览打开一个网站看到的界面，称之为网页；通过点击链接进入的一个页面，也是一个网页。一个网站就是由许许多多这样互相链接的网页构建而成的。

（3）浏览器：用于打开显示网页的软件。最常见的是Windows系统自带的IE浏览器，此外还有火狐Firefox、360安全浏览器、遨游等。

（4）网址：用于定位某个网站某个页面的一串字符，通常是如下格式：

http://www.sohu.com/

（5）主页：访问网站时，默认打开的第一个页面就是主页，也叫首页。网页分为主页面和子页面。

2. 认识网页的组成元素

每个网页看起来不尽相同，但包含的元素是大同小异的，下面我们来分析一下网页的组成元素。一个网站由很多页面互相关联而成，一个页面又有丰富多彩的元素。一般网页的基本组成元素包括：网页标题、页头、网站标志、导航栏、主内容区（文本信息、图片、视频）、表单、超链接等。下页图1-3所示为一个网站首页的结构布局示意图。

（1）网页标题：网页标题多用于提示页面的主要内容。在浏览器的标题栏中会显示网页标题，它能够引起访问者浏览网站的兴趣。

（2）导航栏：导航栏是网页设计中的重要部分，是主页面到达子页面的链接。一个网站的大致结构框架可以通过导航栏来了解。

（3）文本：文本在页面中都以行或者段落的形式出现，它们的摆放位置决定了整个页面布局的可视性。随着DHTML的兴起，文本可以按照需要放置到页面的任何位置。

（4）图片：图片和文本是网页的两大构成元素，缺一不可。图片和文本的穿插位置体现了设计者的布局思维，是整个页面布局成功与否的关键。

（5）多媒体：随着DHTML的兴起，声音、动画、视频等其他媒体在网页布局上也将越来越重要。

（6）超级链接：通过点击可以跳转到相应页面的设置称为超级链接，简称为超链接。

二、制作网页的常用工具

1. 常用的网页制作方法

目前网页制作有两种方法：一种是利用网页制作工具进行制作，如使用Dreamweaver、

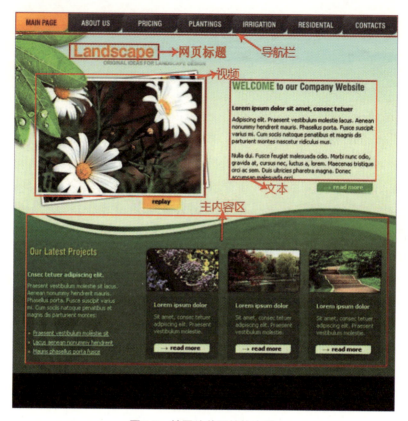

图1-3 某网站首页结构布局

FrontPage等；另一种是采用HTML（超文本标记语言）的专用格式来进行制作。实际上，利用网页制作工具制作网页时，其生成的源代码仍然是HTML文档。所以，网页制作归根结底都是采用超文本标记语言。

2. 常用的网页美化工具

在设计页面时，为了使页面具有视觉冲击力，除了输入文字和表格外，还应该适当插入图像和动画等，以使页面变得更加生动活泼、丰富多彩。而Dreamweaver本身不能制作图像，也不能制作复杂动画，所以只能将其他软件如Photoshop、Flash制作好的图像和动画作为素材，与文字资料一起加以组织编排，形成图文并茂、动感十足的网页。

三、网页设计中的要素

1. 网站栏目规划

（1）网页栏目

网页栏目指的是整个网站的框架。不同栏目是由网页的不同内容经过理性划分组成的。网站需要用多个栏目（包括一级栏目、二级栏目）来组成一个完整的体系，每一个独立的栏目都要从目标用户群体、功能、内容等多个角度来进行分析优化。可以简单地这样说，在一个页面内，一般都会把不同内容分成不同的栏目。比如，体育和生活，两个不同的内容就分成两个栏目。

（2）栏目细分

一级栏目、二级栏目通常指网站根目录下的那些目录。比如网站域名是www.website.com，那么www.website.com/car/就是一级目录，www.website.com/car/scar/就是二级目录。类似于一个大标题里包含有很多的小标题，一级栏目是大标题，二级栏目是小标题。如Windows 8网站栏目设计规划（表1.1）。

表1.1 Windows 8网站栏目设计规划

一级栏目	二级栏目
了解Windows	新外观
	新电脑
	工作与休闲
	应用
了解Windows	SkyDrive
	Internet Explorer
下载和购物	Windows平板和电脑
	购买Windows 8
	免费下载
	Internet Explorer
	SkyDrive
	Outlook
操作方法	入门
	彰显个性
	应用和游戏
	音乐、照片与视频
	人脉和社交
	网络连接
	管理和效率
	安全性
支持	安装
	触控与搜索
	个性化
	安全和账户

续表

一级栏目	二级栏目
	应用和Windows应用商店
	网络连接
	邮件与通信
支持	音乐和照片
	文件和在线储存
	修复与恢复
	驱动程序
	性能

（3）网站内容表现形式

一般来说，内容决定形式。有了第二步的分析后，就可以基本确定栏目内容的表现形式了。常见的网页形式有：

① 以显示信息的文字链接为主，辅以少量图片。如资讯、BBS等，如图1-4所示。

图1-4　某资讯网站

② 以图片为主，辅以少量文字。如相册、图库等，如图1-5所示。

图1-5　某图库网站

③ 以音、视频为主。如新闻播报、访谈、影视节目等，如图1-6所示。

图1-6　某影视网站

④ 以下载为主。如软件、电子书等，如图1-7所示。

图1-7　某下载网站

2. 网页版式规划

（1）网页版面的形式与内容的统一

① 从网站主题看，不同的网站主题（个人宣传、产品销售、提供服务等）对网页构成元素编排方式的要求是不同的。如信息查询类，以实用功能为主，注重视觉元素的均衡排布，较少装饰性的元素，如图1-8所示。

图1-8　某信息网站

② 从视觉符号方面来看，视觉符号是点、线、面、色彩等视觉性记号，运用对比与调和、对称与平衡、节奏以及留白等手段，通过空间、文字、图形之间的相互关系建立整体的均衡状态，如图1-9所示。

图1-9　某产品营销网站

（2）网站版面的视觉流程设计

网页的视觉流程设计，考虑的是浏览者对页面的浏览习惯，地域不同的人浏览习惯是不同的。除此之外，视线还有焦点的问题。在我们设计网页时，就应该考虑在视觉焦点的地方放置页面的重要内容，或者是放置能引起浏览兴趣的图片，从而捕捉浏览者的注意力。

常见的几种视觉流程形式：

① 垂直线引导人的视线作上下移动，如下页图1-10所示。

② 水平线引导人的视线作左右移动，如下页图1-11所示。

③ 斜线很有张力，使视线斜向移动，如下页图1-12所示。

④ 圆状设计引导人的视线由中心向外围作均衡的辐射状扩散，如下页图1-13所示。

⑤ 折线和正方形使视线作四个方向的辐射，如下页图1-14所示。

（3）网页版面的空间设计

网页可以在二维平面中借助各个构成元素的比例关系、位置关系以及动静变化等空间因素表现出三维的效果。各个元素的弯曲变化、大小变化、色彩变化、位置的前后叠压、纹理的渐变、元素之间清晰与模糊的对照、疏密的变化等，都能丰富平面的视觉深度，使之产生富有弹性层次的空间效果，如下页图1-15所示。

图1-10　垂直型网页

图1-11　水平型网页

图1-12　斜线型网页

图1-13　圆型网页

图1-14　折线型网页

图1-15　某网页版面空间设计

3. 网页布局规划

（1）网页的布局设计的含义

网页的布局设计就是指网页中图像和文字之间的位置关系。网页布局设计最重要的目的就是传达信息，利用分割、组织等手段使网页易于阅读。只有让浏览者轻松地找到有吸引力的信息，才能达到网站设计的目的。

（2）网页布局的方法

简单来说，可以把网页中的内容看成是一个个的"矩形块"，把多个"矩形块"按照行和列的方式组织起来，就构成了一个网页。下面以某流行发型网为例来说明，如图1-16所示。

图1-16　某流行发型网页

把网页效果图中的各个内容区域总结为一个个的"矩形块"，按照从上到下、从左到右的顺序对网页的布局结构进行归纳，最终得到的样式如图1-17所示。

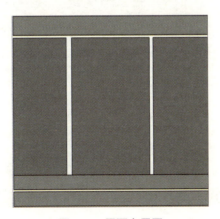

图1-17　网页布局图

从上图中可以看出，此网页的整体布局结构划分为四行（从上到下），第一行用来制作logo、导航，第二行制作内容，第三行制作视频，第四行制作版权信息。接下来拆分内容区域，拆分后的效果如图1-18所示。

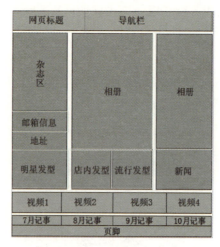

图1-18　拆分后的网页布局图

这样，一个网页的布局就初步形成了，至于把什么内容放到什么位置，可以按网页内容的重要程度，结合人的视觉流程来确定。

（3）常见的网页布局

① 左右对称结构布局

左右对称结构是网页布局中最为简单的一种。左右对称布局将网页分割为左右两部分，便于浏览者直观地读取主体内容，但却不利于发布大量的信息，所以这种结构对于内容较多的大型网站来说并不适合，如图1-19所示。

图1-19　左右对称结构布局的网站

②"同"字形结构布局

采用"同"字形结构的网页，往往将导航区置于页面顶端，一些如广告条、友情链接、搜索引擎、注册按钮、登录面板、栏目条等内容置于页面两侧，中间为主体内容。这种结构相比左右对称结构而言，不但有条理，而且直观，有视觉上的平衡感。但这种结构形式上容易僵化，在使用这种结构时，高超的用色技巧会规避"同"字形结构的缺陷，如图1-20所示。

图1-20　"同"字形结构布局的网站

③"回"字形结构布局

"回"字形结构实际上是"同"字形结构的一种变形，即在"同"字形结构的下面增加了一个横向通栏，这种变形将"同"字形结构不是很重视的页脚利用起来，增加了主体内容，合理地使用了页面有限的面积，如图1-21所示。

图1-21　"回"字形结构布局的网站

④"匡"字形结构布局

"匡"字形结构其实是"同"字形结构的一种变形，也可以认为是将"回"字形结构的右侧栏目条去掉得出的新结构。这种结构是"同"字形结构和"回"字形结构的一种折中，这种结构承载的信息量与"同"字形相同，而且改善了"回"字形的封闭型结构，如图1-22所示。

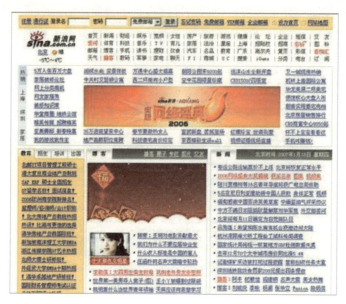

图1-22 "匡"字形结构布局的网站

⑤ 自由式结构布局

自由式结构的随意性特别大，颠覆了从前以图文为主的表现形式。此结构将图像、Flash动画或者视频作为主体内容，其他的文字说明及栏目条均被分布到不显眼的位置，起装饰作用。这种结构在时尚类网站中使用的非常多，尤其是在时装、化妆用品类的网站中。这种结构的优点是富于美感，可以吸引大量的浏览者欣赏。缺点是文字过少，难以让浏览者长时间驻足，起指引作用的导航条也不明显，不便于操作，如图1-23所示。

图1-23 自由式结构布局的网站

⑥ 另类结构布局

在另类结构布局中，传统意义上的所有网页元素全部被打散后重新组合排列。采用这种结构布局的网站多为设计类网站，以显示网站前卫的设计理念。另类结构要求设计者要有非常丰富的想象力和非常强的图像处理技巧。另一方面，这种结构稍有不慎就会因为页面内容太多而拖慢浏览速度，如图1-24所示。

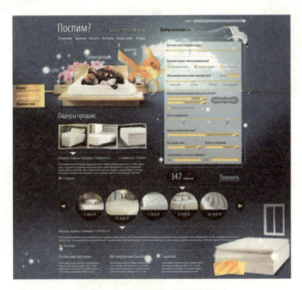

图1-24　另类结构布局的网站

4. 网页的色彩规划

初学做网页的人往往按照自己的喜好布置页面的色彩，而忽视了色彩本身的语义。不用说色环上那些千变万化的面孔了，即使是同一种色彩也能通过明度、饱和度、色相的细微变化变幻出飘忽不定的色彩表情。当浏览者打开设计者设计的网页时，他们首先就会对网页色彩留下第一印象，是粗犷豪放型的，还是清新秀丽型的；是温文儒雅型的，还是执着热情型的；是活泼易变型的，还是老成稳重型的。为网页选择合适的颜色（包括背景色、元素颜色、文字颜色、链接颜色等）根据的是设计者希望对浏览者产生什么样的影响。合适的色彩可以很好地传达设计者的设计意图。

（1）粗犷豪放型网页

如下页图1-25所示，粗犷豪放型网页多以红色、黑色为主打色。黑色完全不反射光线，明度最低，也最有分量、最稳重，有一种特殊的魅力，显得既庄重又高贵。红色相对于其他颜色，视觉传递速度最快，给人以兴奋、有活力的感受。黑色与红色搭配到一起时，能够使高贵、自信的意味发挥到极致。红色和黑色的搭配被誉为商业的成功色，一是因为红色是一种对人的视觉刺激性很强的颜色，是最鲜明生动、最热烈的颜色；二是因为在黑色的反衬下，鲜明的红色很容易吸引人们的目光。此网页想传达的信息是汽车的酷炫外观和尊贵享受，所以选择红黑两色做网页主色是很到位的。

图1-25　某汽车展示网页

（2）清新秀丽型网页

图1-26　某绿色科技公司网页

　　如图1-26所示，清新秀丽型网页多会考虑到使用绿色。绿色是大自然的颜色，代表清新、平静、安逸、和平、柔和、春天、青春的心理感受，会让人觉得神清气爽，是网页中使用最为广泛的颜色之一。以此网页为例，它的主色调绿色属性是明度很高的浅绿色，使用了明度渐变的手法，让页面多了些层次感、空间感。加上大面积的辅助色白色，使整个页面看起来很清淡、柔和、宁静，甚至有温馨的感觉。绿色本身具有一定的与自然、健康相关的感觉，所以也经常用于与自然、健康相关的网站。

（3）执着热情型网页

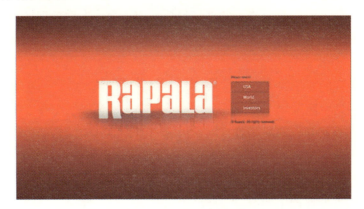

图1-27　Rapala公司网页

如图1-27所示，红色象征热情、吸引力。此网页抓住了红色这一特点，运用大红到暗红的明度组合变化，传达出热情、专业、有魅力的心理感受。尤其是在页面三分之一的视觉焦点处标出白色大标题，使人想不注意都难以办到。与白色大标题相对应的暗红色导航和暗红色小标题、白色小文字等重复色调造成了视觉上的反差。此页面虽然简单，却遵循了设计的四大原则——紧密、整齐、对比与重复，使页面视觉效果更强烈，达到突出网页主题的目的。

（4）精干稳重型网页

图1-28　IC公司网页

如图1-28所示，黑白色是现代设计中比较受欢迎的色彩。黑白色搭配的页面在明度上反差非常大，视觉冲击强烈，主次分明，多给人传递大气、干练、稳重的心理感受。此网页的整体画面以黑色为主，配上白色的文字、图片，且版式规矩、有条理，构成特色鲜明的设计风格，散发出专业、稳定、现代化的气息。黑白两种颜色的搭配使用通常可以表现出都市化的感觉，故常用于体现现代气氛的网页设计中。

四、网站设计流程

网站的制作主要是网页制作，此外还包括事前策划、事后维护更新等工作。为了明确工作目标和方向，提高工作效率，使网站结构清晰，网站设计的基本流程与顺序也十分重要。

网站设计流程的要领如下：

（1）确定网站主题

做网站，首先必须要解决的就是网站内容问题，即确定网站的主题。对于内容主题的选择，要做到小而精，主题定位要小，内容要精。

（2）选择好域名

域名是网站在互联网上的名字，要把域名起得形象、简单、易记。一个非产品推销的纯信息服务网站，其所有建设的价值，都凝结在其网站域名上。

（3）掌握建网工具

网络技术的发展带动了软件业的发展，所以用于制作 Web 页面的工具软件也越来越丰富。从最基本的 HTML 编辑器到现在非常流行的 Flash 互动网页制作工具，掌握得越多，使用起来就越得心应手。

（4）选择好内容

好的内容需要有好的创意，作为网页设计制作者，最苦恼的就是没有好的内容创意。

（5）推广自己的网站

网站的营销推广在个人网站的运行中也占着重要的地位，在推广个人网站之前，请确保已经做好以下准备：网站信息内容丰富、准确、及时，网站技术具有一定专业水准，网站的交互性能良好。

案例赏析

一、艺术类网站案例描述和分析

下页图 1-29 为一艺术画作欣赏网页，它一改常规的方框形页面，用随意摆放的艺术手札打破中规中矩的直线形布局。这点小小的改变使页面静中有动，突出了艺术对新鲜感的追求。字体的安排也颇具心思，主标题和副标题都使用了花体样式，并以画笔和花纹为装饰，搭配正文的罗马文字显得张弛有致，雅而不俗。

页面的重要组成部分——图片，紧紧围绕网页的艺术主题。古典风格的油画静物，具有历史感的油画用具以及作为点缀的调色板，无一不彰显整个页面的艺术气质。虽然配图不多，但从色相、明度上依次递进。尤其巧妙的是静物画的灰色和网页的主色灰色协调一致，既浑然天成，又不失层次分明。

网页的导航条仿佛是一条装饰带，划分了页面的文字区和图片区，静止状态时为白色文字，与主内容区的文字颜色相同，起到呼应的效果；悬停时为黄色文字，与静物画中的黄色柠檬颜色呼应。当访问者浏览网页时，视线会从最明亮的黄色转移到代表艺术主题的油画，然后向下移动到色彩丰富的调色板，进而注意到文字。可以说此网页的制作是很有创意的。

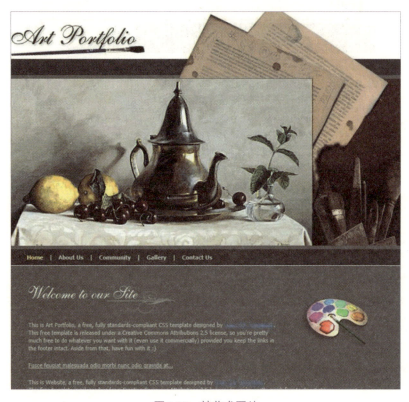

图1-29　某艺术网站

二、体育类网站案例描述和分析

一般体育类的网站设计要体现出运动的感觉来。图1-30为某体育用品公司的网站，它的设计简洁、大方，用极少的文字说明体育运动的宗旨和此公司对体育运动的参与。一幅约占页面三分之二的橄榄球比赛的图片，使用了广角镜头拍摄，极具动感。

图1-30　某体育用品公司网站

体育类的网站一般分为体育新闻类、俱乐部组织类、体育服装类以及体育明星类网站。体育服装类、体育明星类的网站相对比较容易设计，比较复杂的是体育新闻类和俱乐部组织类网站，因为要包含大量的信息，使得网站很难保持简洁的布局设计，如图1-31所示。

图1-31　某体育新闻网站

三、时尚类网站案例描述和分析

时尚类网站的关键词有时尚、个性、烂漫、自信、优雅。让我们来看VERSACE的网页是如何来表现的。如图1-32所示，VERSACE的页面用黑白两色分割，白色代表女性，黑色代表男性。图片和文字采用对角线的手法，使访问者的视线成Z字形扫过两个主题，没有多余的文字，没有多余的图片，简约、注重看点。

图1-32　某时尚网站

表现时尚类的网页有三种手法：1.使用大篇幅的照片。2.黑白色的运用。3.最简洁的网页内容。

四、商业类网站案例描述和分析

商业类的网站必须强调卖点，当访问者打开一个商业网站的刹那，就能明白网站销售何种品类的产品，产品的品质如何。如图1-33所示，黑色的背景代表了avec公司冷静、专业的企业品质。随着渐隐在黑色背景中美女的视线，浏览者注意到的是相机及一系列电子类产品。由此不难看出，此网站为一家电子公司的销售网站，主营相机、电脑等高端电子产品。绿色元素的加入会使人感受到这一系列产品具有环保、健康的新风尚。

图1-33　某商业网站

五、儿童类网站案例描述和分析

儿童类的网站是很讨喜的一种网站类型，光是那些天真烂漫的宝宝图片就已经能吸引大部分浏览者的眼球了，再加上温馨的色彩、卡通的元素，想不出彩都难。图1-34的宝宝相册网页融合了诸多让人流连的元素，例如云朵般的曲线边缘，带有针脚线的logo和导航，背景中的大头针、宝宝贴纸、宝宝吊牌，以及手写体的文字等，无一不在散发着儿童类网站的特性。

图1-34　某儿童网站

六、饮食类网站案例描述和分析

饮食类网站讲求传达的是清新、自然、健康的理念，所以多会选择绿色、红色、黄色、橙色等代表美味口感、健康环保的颜色。如图1-35所示的某饮食类网站，用茶叶本身的绿色作为网页的主题色，用茶农在茶山采茶的图片作为网站的主题图片，访问者看到这个网站仿佛就闻到了淡淡的茶香，品尝到了甘甜的茶水。

图1-35　某饮食网站

单 元 小 结

通过本单元的学习，我们可以了解制作网页需要考虑哪些因素。首先要确定网站面向的浏览群体，这是一个网站的定位。我们制作的网页一定要根据浏览者的喜好确定网站风格和内容。就网站的风格而言，既可以是温馨的，也可以是酷炫的。就网站的内容而言，要先把浏览者最关心的问题设置为一级栏目，然后在一级栏目中详细划分次要内容。其次，在确立网页的内容之后，要确保形式和内容统一。网页形式可以多种多样，可以是图文并茂的，也可以是单以文字或者图片为主，但都要紧紧围绕内容进行设定。网页中图像和文字之间的位置关系也称为布局关系，归纳起来有左右对称结构布局、"同"字形结构布局、"回"字形结构布局、"匡"字形结构布局、自由式结构布局和另类结构布局。网页作为一种视觉传达形式，色彩环节是必不可少的。一个成功的网页，合理的色彩规划功不可没。当兼顾了以上原则之后，再发挥自己的想象力，相信你已经掀开了网页制作的面纱。

单 元 习 题

一、选择题

1. 通常我们浏览打开一个网站看到的界面，称之为（　　　）。

A. 页面　　　　　　B. 网页　　　　　C. 网址

2. 常见的网页布局形式有（　　　）种。

A. 6　　　　　　　B. 7　　　　　　　C. 8

3. （　　　）类网页，以实用功能为主，注重视觉元素的均衡排布，较少装饰性的元素。

A. 信息查询　　　　B. 图库　　　　　C. 相册

二、填空题

1. 网页设计的目的是产生_____。

2. _____是网页设计中的重要部分，是主页面到达子页面的链接。

三、简答题

1. 常用的网页制作方法有哪些？

2. 制作网页时，要综合考虑哪些因素？

四、操作题

请为某网络商城制作一张栏目规划表。

第2单元　网页设计从Dreamweaver CS5软件开始

学习目标

◇　掌握站点的规划、创建和管理等操作

◇　熟悉并掌握Dreamweaver CS5的操作界面

◇　熟悉新建网页文档、保存网页文档和设置网页文档属性等基本操作

教学案例：定义"魅力篮球"站点并创建网页

案例描述和分析

Dreamweaver CS5 是一种所见即所得的网页编辑软件，它可以自动在用户创建网页时生成底层的 HTML 代码，同时提供了很好的 HTML 代码编辑功能。它具有简单方便、学习容易的特色，是目前普及率高，且广受用户欢迎的网页设计软件。对于初次接触 Dreamweaver CS5 的用户来说，应该先熟悉 Dreamweaver CS5 的操作界面。另外，如果要发挥 Dreamweaver CS5 的功能，就必须建立 Dreamweaver CS5 站点，只有建立了 Dreamweaver CS5 站点，才能对网站的资源系统地进行管理。

在这里，我们要创建一个名为"魅力篮球"的站点，将其中的本地站点保存在 D:\Basketball 文件夹下。根据如图 2-1 所示的网站的站点规划图，为"魅力篮球"建立一个存放图片的文件夹 images，创建名为 index.html 的主页文件，创建名为 jiqiao(技巧)、mingxing(明星)、guize(规则)、zhanshu(战术)、jibengong(基本功)等项目的文件夹，并在各个项目文件夹里建立子网页文件和图片文件夹。

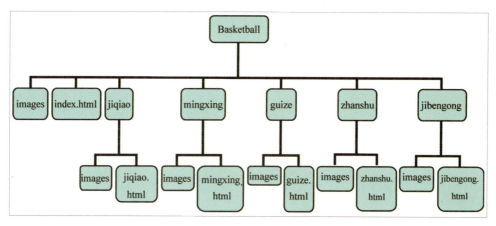

图 2-1 "魅力篮球"的站点规划图

提示

站点实际上就是一个文件夹，相当于建立了一个存储区，存储了网站中的所有文件。

知识准备

一、Dreamweaver CS5工作界面

在计算机中安装好Dreamweaver CS5后，在"开始"→"所有程序"→"Adobe"→"Adobe Dreamweaver CS5"菜单上单击鼠标右键，在弹出的快捷菜单中执行"发送到"→"桌面快捷方式"命令，创建Dreamweaver CS5的桌面快捷启动图标，双击图标，即可启动Dreamweaver CS5，并打开其操作界面。它的操作界面由标题栏和菜单栏、插入栏、文档工具栏、文档窗口、状态栏、属性面板、面板组、帮助中心和扩展管理器等各部分组成，如图2-2所示。

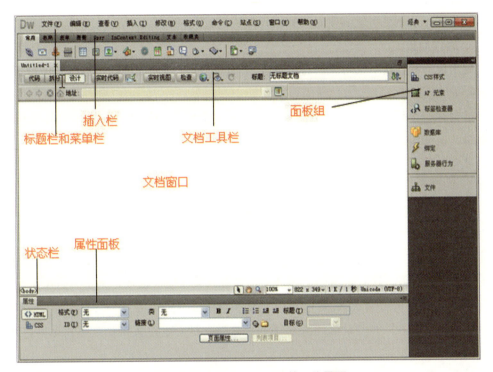

图2-2 Dreamweaver CS5的工作界面

1. 标题栏和菜单栏

Dreamweaver CS5的标题栏和菜单栏是融为一体的，位于Dreamweaver CS5操作界面的最上方，主要用于显示软件名、文件名和控制界面大小等用途，由文件、编辑、查看、插入、修改、格式、命令、站点、窗口、帮助等10个菜单组成，单击相应的菜单，即可在弹出的下拉菜单中选择相应的菜单项。当屏幕需要较大空间而关闭浮动窗口的时候，菜单栏就显得尤为重要。

2. 插入栏

包含将各种类型对象插入到文档中的按钮。每个对象都是一段HTML代码，允许在插入它时设置不同的属性，包含常用、布局、表单等不同的类别，不同类别中包含不

同的按钮，其中右侧带有向下箭头的按钮是一个按钮组，表示此按钮组包含多个同类型按钮。

3. 文档工具栏

包含一些按钮，它们提供各种文档窗口视图(如设计视图、代码视图和拆分视图)的选项，具有验证相关控制、在浏览器中预览、修改文档标题等功能。

4. 文档窗口

显示当前创建和编辑的文档。

5. 状态栏

由标签选择器、选取工具、手形工具、缩放工具、设置缩放比率、调整窗口大小、显示文件大小及下载可能需要时间和编码方式组成。

6. 属性面板

用于设置和查看所选对象的各种属性。不同对象其属性面板的参数设置项目不同。

7. 面板组

组合在一个标题的相关面板的集合。单击一个组右侧的展开箭头，即可展开一组面板组，拖动面板组标题栏左边缘的手柄，即可将面板组从当前停靠位置移开。

提示

状态栏里"标签选择器"用于显示环绕当前选定对象的标签的层次结构，单击其中一个标签能选择此标签节点及全部内容。

"手形工具"对于尺寸较大的文档特别有用，如果文档超出了Dreamweaver CS5的显示界面，就可以通过它拖动文档以看到被遮盖的区域，单击"选取工具"可以退出窗口的拖动状态。

"缩放工具"和"设置缩放比率"下拉列表框用于为文档设置缩放比率，默认情况为100%。

"调整窗口大小"弹出菜单主要用于设置文档窗口和显示器屏幕之间的对应关系，单击此菜单区域任意位置，即可打开菜单，此菜单项左方是文档窗口的大小，右方是显示器窗口的大小，根据显示器屏幕大小选择相应的菜单项，就会发现文档窗口大小相应发生变化。

二、Dreamweaver CS5 文档工具

1. 不同视图窗口的选择

用户可以在Dreamweaver CS5的文档工具栏中，分别通过单击"代码"按钮、"拆分"按钮和"设计"按钮，选择需要的开发环境，如下页图2-3所示。

图2-3　选择视图窗口

2. 不同文档之间的切换

在Dreamweaver CS5中可以同时编辑多个文档，在打开的多个文档中进行互相切换时可以通过单击文档左上角的名称来实现，如图2-4所示，说明当前窗口显示的文档为hzxh.html。

图2-4　切换文档

3. 文档工具栏的具体功能

代码：切换当前的窗口为代码视图（图2-5），它着重显示HTML代码以及各种提高代码编辑效率的工具。例如，我们在一个标签里添加这个标签的属性时，只要在这个标签里按Space键（即空格键），就会自动显示这个标签所有的属性，双击所需要的属性即可添加上。

图2-5　代码视图窗口

拆分：切换当前的窗口为拆分视图（图2-6），它允许同时访问设计和代码，在其中一个窗口中所做的更改都会及时在另一个窗口中进行更新。

图2-6　拆分视图窗口

设计：切换当前的窗口为设计视图（图2-7），它是一种所见即所得的编辑器，能非常接近地描绘页面在浏览器中的样子，但实际显示的还是在Dreamweaver CS5这个软件中所能看到的效果。

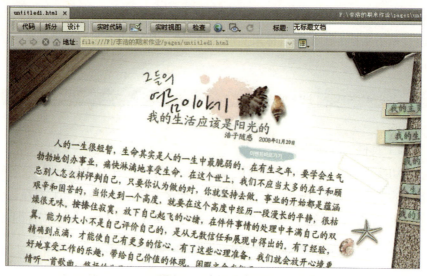

图2-7　设计视图窗口

实时代码：用于分析远程网页文件的代码结构，单击此按钮切换到实时代码模式，只需在"地址"文本框中输入远程网页文件的URL地址，即可查看对应的网页代码。在实时代码模式下用于实现浏览器操作的"浏览器工具栏"将自动激活，它由几个浏览器功能按钮及"地址"文本框、"实时视图选项"下拉按钮 组成。

检查浏览器兼容性 ：检查用户的CSS是否对于各种浏览器兼容。

实时视图：显示不可编辑的、交互式的、相当于在浏览器中看到的效果。

检查：检查模式与实时视图配合使用。

在浏览器中预览／调试 ：允许在浏览器中预览或调试文档，从弹出的菜单中选择一个浏览器。

可视化助理 ：Dreamweaver CS5 提供了几种可视化助理，帮助设计者设计文档和大概估计文档在浏览器中的外观。

刷新设计视图 ：在代码视图中对文档进行更改后刷新文档的设计视图。在执行某些操作(如保存文件或单击按钮)之后，在代码视图中所做更改将自动显示在设计视图中。

标题：在标题后面的文本框中输入所设计文档的名称，按下Enter键或单击文本框以外的地方，所设置的标题就会显示在标题栏中。

　　"视图"按钮和"标题"文本框是最常用的两个组成部分。"标题"文本框的修改将影响到网页打开后浏览器标题栏的标题文字显示。

　　实时查看远程网页文档的HTML代码具有很重要的意义，有了实时视图和实时代码工具，Dreamweaver CS5就变成了一个强大的远程站点分析、调试工具，对网页设计师而言，可简化工作流程、提高工作效率。

三、Dreamweaver CS5属性面板与面板组

1. 属性面板

　　在Dreamweaver CS5中，属性面板主要用于设置网页中对象的各种属性。属性面板并不是将所有对象的属性加载在面板上，而是根据不同对象来显示不同的设置内容。例如，选中一幅图像与选中一个表格所显示的属性是不一样的。

　　属性面板还能够按需要进行关闭、打开和拖动操作，方便用户进行操作，图2-8所示为展开的属性面板。

图2-8　属性面板

　　a. 在主菜单"窗口"的下拉菜单中通过勾选或取消属性项的选择可以控制属性面板的显示或隐藏。

　　b. 直接双击属性面板也可以控制属性面板的显示或隐藏。

2. 面板组

　　在Dreamweaver CS5中，浮动面板组默认位于软件界面的右侧，它集合了大量的功能，这些功能被分类到各个面板，并以叠加的方式集合成一个面板组，放置在软件的右侧。虽然各个面板在工作界面中已经有了相对固定的位置，但也可以用鼠标随意地拖动，并可以根据需要随时显示或隐藏面板，使设计者不再受制于屏幕大小，无需浏览器即可清楚地查看主页的整体页面效果。

　　常用的面板组包括有AP元素、标签检查器、CSS样式、文件等面板，面板组可以通过"展开"按钮或"折叠"按钮进行展开或折叠，展开时如下页图2-9所示，折叠时如下页图2-10所示。

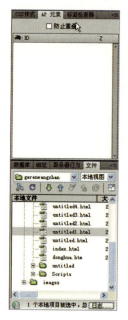 

图2-9　展开时的面板组　　图2-10　折叠时的面板组

尽管可以从菜单访问大多数命令，但是面板中的命令不能小觑，使用面板的过程中，你可以把面板放在自己喜欢的地方，还可以随时显示、隐藏、排列和停靠面板。

（1）面板的拖动

一般情况下，几个面板是顺序组合在一起的（图2-11），可以将面板组从默认的文档窗口右侧拖动到任意位置，如果要重新定位面板、面板组，就要单击并拖动它的标题栏，如果释放点接近主窗口的边缘，面板就会自动停靠在窗口边缘上（图2-12）。

图2-11　CSS面板拖动前　　　　图2-12　CSS面板拖动后

（2）面板的组合

可以把两个面板定义成一个面板组。当把一个面板移动到另外一个面板上的时候（下页图2-13），将出现一个蓝色的释放区，释放鼠标即可（下页图2-14）。

图2-13　面板组合前　　　　图2-14　面板组合后

（3）面板组的堆叠

有时，面板容易被弄乱了（图2-15），可以重新把面板整理一下，使面板组有顺序地排列起来。通过把一个面板组拖动到另外一个面板组上面，当看到蓝色释放区时，释放鼠标即可，如图2-16所示。

图2-15　面板堆叠前　　　　图2-16　面板堆叠后

（4）面板的停靠

在网页文档编辑过程中，使用可停靠面板是Dreamweaver CS5的特色之一，使用可停靠面板可以简化操作界面，节约编辑空间。默认情况下，面板组停靠到集成的应用程序窗口中，以面板组的形式分类固定在屏幕的右侧，这使得用户能够很容易地访问所需要的面板，很容易地找到需要的信息，而不会使工作区变得混乱。这些面板之间既可以自动地相互吸附，也可以吸附到屏幕或文档窗口的边缘，当面板或面板组处于屏幕中间时，可以重新把它们停靠在原来的位置，这需要拖动它的标题栏到工作区，当看到有蓝色的释放区时释放鼠标即可。

提示

　　每个面板都可以设置为隐藏状态，打开菜单，在窗口菜单中包含了大多数隐藏或显示面板的命令，如执行"窗口"→"文件"菜单命令可以显示或隐藏文件面板。

四、Dreamweaver CS5 创建站点

1. 规划站点

　　第一步需要进行一系列的规划，否则会给后期的维护带来麻烦或者出现整个站点风格不统一的问题，这需要了解建立站点的目的，确定它要提供什么服务，网页中应该出现什么内容等。在这一步里，利用一张纸和一支笔就能很好地解决问题。有时候，一个良好的构思，比实际的技术显得更为重要，因为它直接决定了站点质量和将来的访问流量。

　　第二步是创建站点的基本结构。规划站点在确定了站点的主题、页面布局、色彩搭配、页面数量及链接关系后，可以按照文件的类型进行规划，也就是将不同类型的文件分别存放在不同的文件夹下，如图2-17所示。也可以按照网页栏目进行规划，也就是将不同的网页项目分别存放在不同的文件夹下，它可以使网站条理更清晰，便于日后更好地管理站点，如图2-18所示。

图2-17　按照文件的类型规划站点　　　　图2-18　按照网页栏目规划站点

　　第三步可以开始具体的网页创作过程。一旦创建了本地站点，就可以在其中组织文档和数据。一般来说，文档就是在访问站点时可以浏览的网页。文档中可能包含其他类型的数据，例如文本、图像、声音、动画和超级链接等，在通常的情况下，网站都有一个首页，也就是网站的门面，一个首页可以直接影响到整个网站的访问量，通

常首页的文件名为index或者default，通过相关的链接可以打开其他的子页面。

> **提示**
>
> a.建立目录时，不要将所有文件都存放在根目录下，以免造成文件管理混乱。
>
> b.要在每个主栏目目录下都建立独立的 images 目录。
>
> c.要按栏目内容建立子目录。
>
> d.目录的层次不要太深。
>
> e.不要使用中文目录，以免影响页面的正常显示。

2. 建立站点

在对站点进行充分的规划后，就可以建立站点了。在 Dreamweaver CS5 中，通常有两种方法建立站点：使用向导建立站点和使用高级设置建立站点。

（1）使用向导建立站点

在 Dreamweaver CS5 中专为初级用户提供了使用向导建立站点功能，用户只需要按照向导提示进行设置，即可方便地创建好一个站点，其操作步骤如下。

步骤1：启动 Dreamweaver CS5 后，执行"站点"→"创建站点"命令。打开"站点设置对象"对话框，默认使用向导功能设置站点，如图2-19所示。

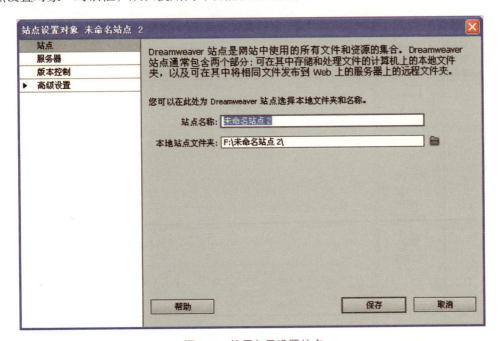

图2-19　使用向导设置站点

步骤2：在"站点名称"后面的文本框中输入内容，作为要建立的站点名称，如下页图2-20所示。

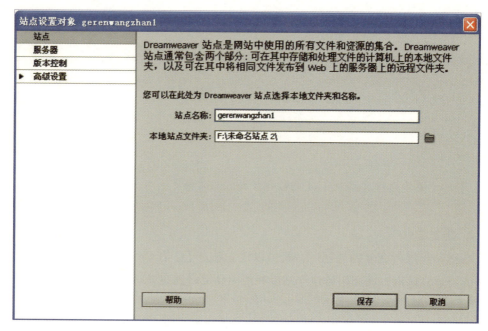

图2-20 输入站点名称

步骤3：单击"本地站点文件夹"后面的文件夹图标 📁，打开"选择根文件夹"对话框，选择本地站点文件夹的保存位置，如图2-21所示。

图2-21 设置站点文件夹的保存位置

步骤4：在"站点设置对象"对话框中的"本地站点文件夹"后面可以看到新设定的站点存放位置，如下页图2-22所示。

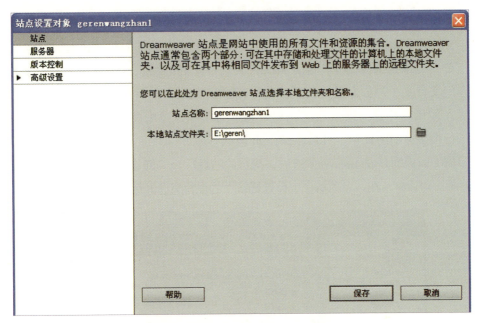

图2-22　站点文件夹设置好后的结果

步骤5：单击"保存"按钮，完成本地站点的创建。在Dreamweaver CS5右侧的文件面板中可以看到新创建的站点，如图2-23所示。

图2-23　完成创建本地站点

提示

　　利用本地站点可以在本地计算机上创建出站点的框架，从整体上对站点全局进行把握。从而在本地计算机的磁盘上创建本地站点文件夹，从全局上控制站点结构，管理站点中的各种文档，以完成对文档的编辑。在完成站点文档的编辑后，可以利用上传网页软件将本地站点发送到远端Internet的服务器中，创建真正的站点。

（2）使用高级设置建立站点

定义一个本地站点时，首先应该选择这个站点所有文件的存储位置，网站的本地站点文件夹应该是为网站专门建立的文件夹，一个好的组织方法是在本地硬盘上新建一个专门文件夹（例如命名为公司的名称tuliaogongsi），然后把此文件夹设为本地站点文件夹。使用向导建立站点只能创建最基本的站点，而用高级设置方式来建立站点，可以进行很多详细的设置，其具体操作如下。

步骤1：启动Dreamweaver CS5后，执行"站点"→"创建站点"命令。打开"站点设置对象"对话框，在站点项目栏中设置好站点名称和文件夹保存位置，如图2-24所示。

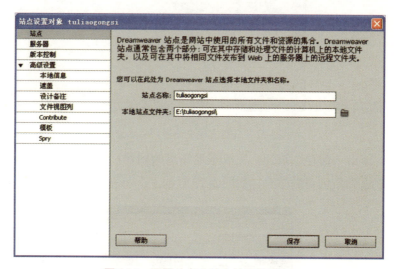

图2-24　设置站点文件夹的存放信息

步骤2：打开"高级设置"，选中"本地信息"项，单击"默认图像文件夹"后面的文件夹图标，设置好默认图像文件夹的路径，如图2-25所示。

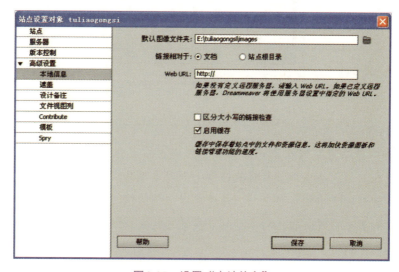

图2-25　设置"本地信息"

步骤3：选择"遮盖"选项，遮盖功能主要用于在获取或者上传的操作过程中，对于某些特定文件或是文件夹进行过滤处理，即排除对于选定的文件类型进行操作。默认状态下遮盖功能被启用，但未设置遮盖类型。在打开的遮盖设置栏中设置是否启用遮盖，如果启用，则可以设置遮盖的文件类型，如图2-26所示，文件的遮盖类型为.fla和.psd。

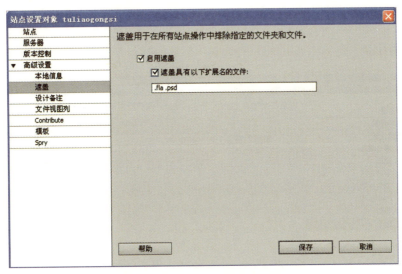

图2-26 设置"遮盖"信息

步骤4：选择"设计备注"选项，选中"维护设计备注"复选框，可以给文档添加编辑注释和源文件等；选中"启用上传并共享设计备注"复选框，则可以使用户和其他工作在此站点上的人员共享设计备注和文件视图列。默认状态为选中"维护设计备注"，如图2-27所示。

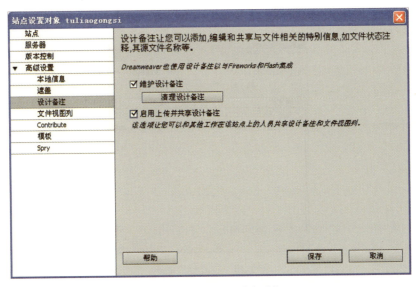

图2-27 设置"设计备注"

步骤5："文件视图列""Contribute"两个选项都可以保持默认设置而不必重新修改，"Contribute"选项是针对链接到远程站点时进行设置，由于暂时没有远程站点，所以此时无法进行设置。

步骤6："模板"项中勾选"不改写文档相对路径"复选框，当站点使用模板时，可以避免相对路径被改写。

步骤7："Spry"项，在其中可以设置使用Spry Widget功能时其存储资源的位置，如图2-28所示。

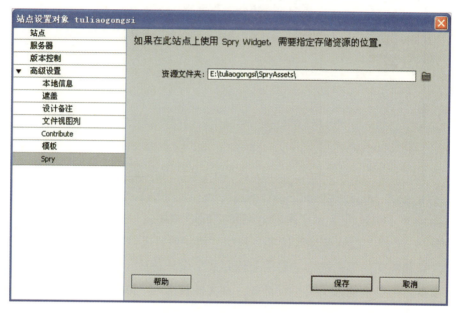

图2-28　设置"Spry"项

步骤8：单击"保存"按钮，在文件面板中可以看到新创建的站点，如图2-29所示。

图2-29　完成创建站点

> **提示**
>
> 　　a.使用英文或汉语拼音作为文件或文件夹的名称。
>
> 　　b.名称中不能包含空格等非法字符。
>
> 　　c.命名应有一定规律，以便日后管理。
>
> 　　d.文件名应具有一定的意义，能体现文件的内容。由于某些操作系统区分文件名大小写，建议命名时一律采用小写字母。
>
> 　　e.首页一般以index命名。

五、Dreamweaver CS5管理站点

1. 切换站点

在Dreamweaver CS5中可能存在多个站点，在文件面板左边的下拉列表框中选中某个已创建的站点（图2-30），就可切换到对这个站点进行操作的状态，如图2-31所示。

图2-30　多个站点

图2-31　切换站点

2. 复制站点

在Dreamweaver CS5中可以对本地站点进行多方面的管理，有时候希望创建多个结构相同或类似的站点，则可利用站点的可复制特性，首先可从一个基准的站点上复制出多个站点，然后再根据需要分别对各站点进行编辑，这能够极大提高工作效率。

步骤1：执行站点菜单下的"管理站点"命令，打开"管理站点"对话框，如图2-32所示。

图2-32　"管理站点"对话框

步骤2：在站点列表框中选择要复制的站点，单击对话框内的"复制"按钮，在站点列表框中就会出现一个新的站点，如图2-33所示。

图2-33　复制后的站点

步骤3：单击"完成"按钮，即可在文件面板中看到复制的站点，如图2-34所示。

图2-34　复制后的站点出现在文件面板中

3. 删除站点

如果不需要某个站点时，可以将其从站点列表中删除。

步骤1：执行站点菜单下的"管理站点"命令，打开"管理站点"对话框。

步骤2：在站点列表框中选择要删除的站点，单击对话框内的"删除"按钮，如下页图2-35所示。

步骤3：单击"完成"按钮，即可删除站点，在文件面板中已看不到删除的站点信息，如下页图2-36所示。

图2-35　删除站点

图2-36　站点删除后

4. 导入导出站点

导出命令可以将设置好的站点导出为一个XML配置文件（图2-37），以便在使用的时候快速导入（图2-38），这样可以节省大量设置时间。导入命令可以导入一个包含站点设置信息的XML配置文件。

图2-37　站点的导出

图2-38　站点的导入

提示

　　复制站点仅仅是创建一个站点信息，并不会将原有站点文件夹和其中的内容进行复制；删除站点仅仅是删除一个站点信息，并不会将原有站点文件夹和其中的内容进行删除。

六、站点中文件操作

1. 新建文件夹和文件

站点建立之后，它只是一个"空架子"，不包含任何文件或文件夹，所有的文件和文件夹都需要新建。接下来完成向站点中添加文件夹和文件。

在文件面板中站点根目录上单击鼠标右键，然后从弹出的快捷菜单中单击菜单项"新建文件夹"或"新建文件"，接着给新的文件夹或文件命名，如下页图2-39所示。

图 2-39   新建文件夹和文件

2. 重命名文件夹和文件

先选中需要重命名的文件夹或文件，然后单击右键，在弹出的快捷菜单中单击"编辑"选项的下级菜单中的"重命名"命令或者按快捷键F2，文件夹或文件的名称变为可编辑状态，重新输入新的名称，按Enter键确认即可，如图2-40所示。

图 2-40   重命名文件夹和文件

3. 移动文件

从文件面板的本地站点文件列表中（下页图2-41），选中要移动或复制的文件夹或文件，如果要进行移动操作，在弹出的快捷菜单中单击"编辑"选项的下级菜单中的"剪切"命令（下页图2-42）；如果要进行复制操作，则执行"编辑"选项下的"拷贝"命令。然后执行"编辑"选项下的"粘贴"命令，将文件夹或文件移动或复制到相应的文件夹中，如下页图2-43所示。另外，只要拖曳文件到相应的位置也可以完成移动文件的操作。

图2-41　文件面板下的文件列表　　　　图2-42　选择移动的文件

4. 删除文件

要从本地站点文件列表中删除文件夹或文件，先选中要删除的文件夹或文件，然后执行"编辑"选项下的"删除"命令或按Delete键，这时系统会弹出一个提示对话框，询问是否要真正删除文件夹或文件，单击"是"按钮确认后即可将文件夹或文件从本地站点中删除，如图2-44所示。

图2-43　移动文件后　　　　　　　图2-44　文件的删除

案例制作

根据案例分析中的站点布局，我们建立此站点的步骤如下。

步骤1：启动Dreamweaver CS5后，执行"站点"→"创建站点"命令。打开"站点设置对象"对话框，默认使用向导功能设置站点。

步骤2：在"站点名称"后面的文本框中输入内容，作为要建立的站点名称，如下页图2-45所示。

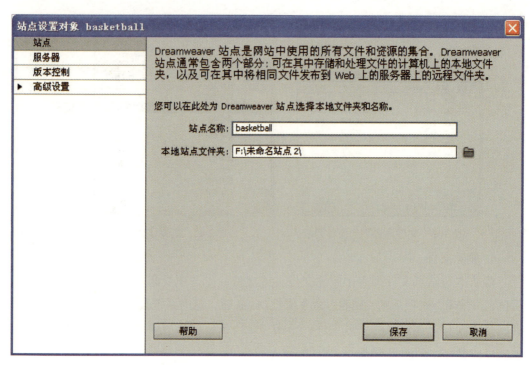

图2-45 设置站点名称

步骤3：单击"本地站点文件夹"后面的文件夹图标，打开"选择根文件夹"对话框，选择本地站点文件夹的保存位置，如图2-46所示。

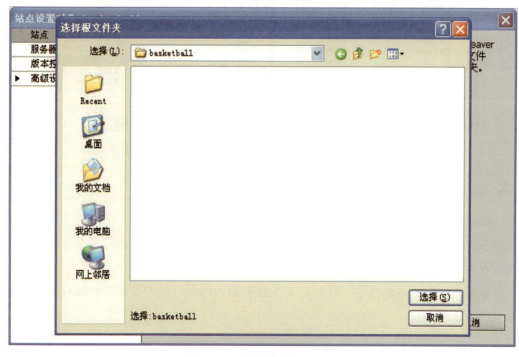

图2-46 设置站点的存放位置

步骤4：在"站点设置对象"对话框中的"本地站点文件夹"后面可以看到新设定的站点存放位置，如图2-47所示。

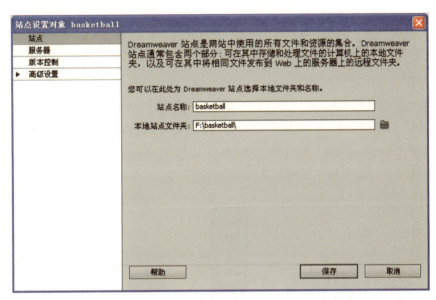

图2-47　设置好的站点信息

步骤5：单击"保存"按钮，完成本地站点的创建。在Dreamweaver CS5右侧的文件面板中可以看到新创建的站点，如图2-48所示。

步骤6：建立站点内的文件夹和文件，我们的网站以网页的项目进行规划，所以我们以项目的内容建立文件夹和文件，完成后如图2-49所示。

图2-48　设置好的站点出现在文件面板中　　　　图2-49　建立站点内的文件夹和文件

举一反三：定义"三利手机网"站点并创建首页

创建一个"三利手机网"的站点，根据如图2-50所示的网站逻辑图，为"三利手机网"建立一个存放图片的文件夹images，创建名为index.html的主页文件，创建名为pinpai(品牌)、paihangbang（排行榜）、luntan（论坛）、liuyan（留言）等项目的文件夹，并在各个项目文件夹里建立子网页文件和图片文件夹。

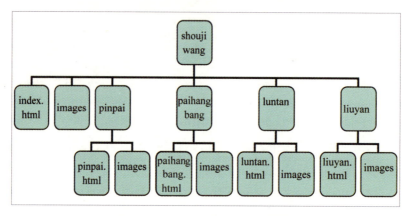

图2-50 "三利手机网"网站逻辑图

具体操作步骤如下。

步骤1： 规划"公司产品销售"站点。

步骤2： 用Dreamweaver CS5建立"公司产品销售"站点，并设置站点里的文件和文件夹。

步骤3： 建立主页面，改名为index。

拓展知识：超文本标记语言HTML

一、超文本标记语言HTML的作用

HTML是网页制作的基础，是初学者必学的内容。虽然现在有许多所见即所得的网页制作工具，但是说到底，还是有必要了解一些HTML的语法，这样可以更精确地控制页面的排版，可以实现更多的功能，HTML可直接使用普通的文本编辑器进行编辑。

HTML是一种用于网页制作的排版语言，是Web最基本的构成元素。在网上，如果要向全球范围内出版和发布信息，需要有一种能够被广泛理解的语言，即所有计算机都能理解的一种用于出版的语言，WWW所使用的出版语言就是HTML，HTML通过我们常用的网页浏览器来识别，并将HTML翻译成我们所看到的网页。

二、HTML文件的结构

一个完整的HTML文件的结构是：

<html>文件开始标记

<head>文件头开始的标记……文件头的内容

</head>文件头结束的标记

<body>文件主体开始的标记……文件主体的内容

</body>文件主体结束的标记

</html>文件结束标记

从上面的代码可以看出，HTML代码分为三部分，其中各部分含义如下。

<html>…</html>：告诉浏览器HTML文件开始和结束的位置，其中包括<head>和<body>标记。HTML文档中所有的内容都应该在这两个标记之间，一个HTML文档总是以<html>开始，以</html>结束。

<head>…</head>：HTML文件的头部标记，在其中可以放置页面的标题以及文件信息等内容，通常将这两个标记之间的内容统称为HTML的头部。

<body>…</body>：用来指明文档的主体区域，网页所要显示的内容都放在这个标记内，其结束标记</body>指明主体区域的结束。

三、HTML文件的基本元素

标记是HTML的基本元素，HTML文件大部分是由文字再加上一些标记呈现出来的，不同的标记代表不同的功能，基本的标记可以分为两种。

1. 单一标记符

只要一个标记就能完成所需的功能。如水平线标记<hr>。

2. 双标记符

需要两个标记才能完成所需的功能。如表格标记<table></table>。

单 元 小 结

本章主要介绍了 Dreamweaver CS5 的操作界面，包括有 Dreamweaver CS5 的菜单栏、插入面板、属性面板和浮动面板组。同时还讲解了站点的基本操作方法，包括规划站点、建立站点、管理站点和站点中的文件操作。

1. 在 Dreamweaver CS5 中可以按 Ctrl+F3 组合键来打开属性面板，再次按下 Ctrl+F3 组合键可将属性面板收缩到窗口底部，不同对象的属性面板显示的内容各不相同。

2. 打开 Dreamweaver CS5 后，在插入面板中，通过选择面板上不同的按钮可以快捷地在文档中插入所选的按钮内容。

3. 创建站点前，需要先进行网站建设的制作规划，使每一个站点都有自己的特色。一般来说，公司站点主要是向外界展示公司的形象，介绍公司和展示公司的产品；政府站点侧重于网上办公，将政策法规向用户开放查阅；个人站点是将个人的兴趣爱好展现出来。

4. Dreamweaver CS5 提供了两种建站的方法，使用向导创建站点比较简单，容易掌握，但是功能上不很完善；使用高级设置方式创建站点则需要较多的专业知识，需要用户对软件比较熟悉才能使用，建议初学者使用向导创建站点。

5. Dreamweaver CS5 还提供了复制站点、删除站点、导入导出站点的功能，但值得注意的是，对站点进行复制或删除时，并不能真正地删除硬盘上的网页文件。

单 元 习 题

一、选择题

1. 在(　　)面板中，可以对多个站点进行切换。

A. 管理站点　　　　B. 文件　　　　C. 插入

2. 在Dreamweaver CS5中复制站点时描述不正确的是(　　)。

A. 仅创建一个站点信息

B. 不会复制原有站点文件夹

C. 会复制原有的站点内容

3. 规划网站的目录结构时，应该注意的问题是（　　）。

A. 尽量用中文名来命名目录

B. 整个网站只需要一个images目录

C. 目录层次不要太深

D. 使用长的名称来命名目录

4. Dreamweaver CS5通过（　　）面板管理站点。

A. 站点　　　　　　B. 文件　　　　C. 资源　　　D. 结果

5. 超文本标记语言的英文简称是（　　）。

A. index　　　　　　B. CSS　　　　C. HTML　　　D. http

6. 在Dreamweaver CS5中建立新站点，下列说法错误的是（　　）。

A. 可以选择某个文件夹作为站点保存位置

B. 可以设置是否使用服务器技术

C. 站点建好后就不能再修改

D. 可以选择是否让别人和你同时编辑同一个网页

二、简答题

1. 写出HTML文件的整体结构，标题标记<title>的作用是什么？

2. 水平线标记<hr>在HTML文件的哪一部分？

3. HTML文件的基本结构是什么？

第 3 单元 网页内容巨匠——网页文本设计

学习目标

◇ 掌握设置网页背景

◇ 熟悉网页文本格式化

◇ 熟悉在网页中插入日期和水平线

◇ 了解CSS样式

教学案例："寓言故事"网站插入文字

案例描述和分析

　　网页中大部分的信息是从文字中体现出来的，在信息传达方面起到了核心作用。在Dreamweaver CS5中，网页文本设计是网页制作的基本组成部分，我们可以通过对网页文本的设计与编辑，使网页效果更加丰富。

　　在这里，我们要为中国寓言故事《高山流水》的文字进行文本设计，对文字进行文本格式化、段落格式化、插入日期、插入水平线等操作，并对页面属性进行设置。

　　完成后的网页效果图如图3-1所示。

图3-1　完成后的效果图

知识准备

一、网页文本格式化操作

文本格式化就是对网页中的文字和特殊字符的格式进行设置，比如颜色、大小等。

1. 文本的输入

在Dreamweaver CS5中，有很多种输入文本的方法。可以将光标移至要添加文本处直接用键盘输入；也可以执行"文件"→"导入"命令，选择Word文档，在弹出的对话框中，找到文本文档所保存的位置；还可以使用"复制""粘贴"命令，将文字粘贴在网页内。要为文本增加空格时，应按住Shift+Ctrl键，再继续按Space键。

提示

如果直接从网页等复制带有格式的文本，那么粘贴在Dreamweaver CS5中的文本内容也会带有相应的格式。若不需要所带的格式，可以先将文本内容复制到记事本中，再将记事本中不带格式的文本复制到系统剪贴板中，最后在Dreamweaver CS5中粘贴，即可实现文本的无格式复制。

2. 文本的撤销与重做

文本的撤销是指撤销上一次的操作，快捷键为Ctrl+Z；文本的重做则是撤销的反操作，快捷键为Ctrl+Y。

3. 查找与替换

在Dreamweaver CS5中不仅可以查找、替换当前编辑网页的内容，还可以查找、替换整个网站的文本内容。执行"编辑"→"查找和替换"命令，弹出如图3-2所示的对话框。在"查找"后面的文本框中输入要查找的内容，在"替换"后面的文本框中输入要替换的文本。

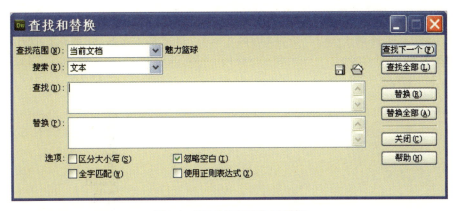

图3-2　"查找和替换"对话框

4. 编辑字体

在编辑区域输入文本之后，在文本属性面板中单击"CSS"，选择字体的下拉菜单，可以选择字体，如下页图3-3所示。若在列表中没有想要的字体，可以单击"编辑字体列表"，在弹出对话框的"可用字体"中选择想要的字体后，单击按钮，便可添加成功。如果还想要添加其他字体，单击左上角的按钮后继续选择字体，如下页图3-4所示。添加完成后，单击"确定"按钮即可。

图3-3　选择字体列表

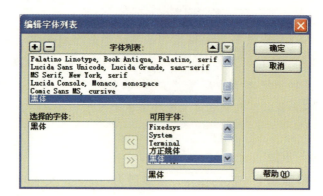

图3-4　"编辑字体列表"对话框

5. 编辑字体大小

在文本属性面板中选择CSS，单击"大小"后面的第一个下拉菜单，如图3-5所示。若选择"无"，便会使用软件默认的字体大小，后面的选项为相应的字体大小，英文所示的依次为极小、特小、小、中、大、特大、极大、较小、较大，如图3-6所示。也可以将光标移至下拉菜单框中，单击后直接输入数字更改字体大小。第二个下拉菜单为字号的单位，依次为像素（px）、点数（pt）、英寸（in）、厘米（cm）、毫米（mm）、12pt字（pc）、字体高（em）、字母x的高（ex）、百分比（%），一般我们使用的单位为系统默认的像素（px）。

图3-5　编辑字体大小　　　　　图3-6　选择字体大小

6. 编辑字体颜色

在文本属性面板中选择CSS，单击文本颜色按钮，弹出颜色选择器，如下页图3-7所示。若没有想要的颜色，单击系统颜色拾取器按钮 ⚫，在弹出的"颜色"对话框中进行添加颜色，如下页图3-8所示。

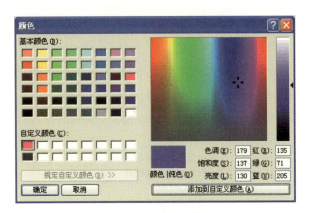

图3-7　"立方色"调色板　　　　　图3-8　添加自定义颜色

除了"立方色"调色板，Dreamweaver CS5还为我们提供了另外四种调色板。单击"立方色"调色板右上角的按钮 ▶ ，弹出其他调色板的选择器。在这里，还有"连续色调""Windows系统""Mac系统""灰度等级"四种调色板供我们选择，如图3-9所示。

  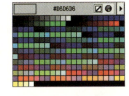 

"连续色调"调色板　　　 "Windows系统"调色板　　　 "Mac系统"调色板　　　 "灰度等级"调色板

图3-9　四种调色板

7. 设置其他属性

编辑文字的时候，除了可以设置文本的字体、大小和颜色外，还可以设置文本的其他属性。单击菜单栏"格式"→"样式"选项，弹出子菜单，如图3-10所示。子菜单内各项样式的效果，如图3-11所示。

粗体： 你好	*斜体：你好*	下划线：你好	
~~删除线：你好~~	打字型：你好	*强调：你好*	**加强：你好**
代码：你好	*变量：你好*	范例：你好	键盘：你好
引用：你好	*定义：你好*	~~已删除：你好~~	已插入：你好

图3-10　文字的样式属性　　　　　图3-11　各项样式的效果

二、网页段落格式化操作

1. 设置段落

Dreamweaver CS5中的文本段落是自动换行的，就是如果输入的字数超过了本行的范围，将会自动进入到下一行。若想直接换行，应按住Shift键后按Enter键；若想要直接换一个段落，应直接按Enter键。效果如图3-12所示。

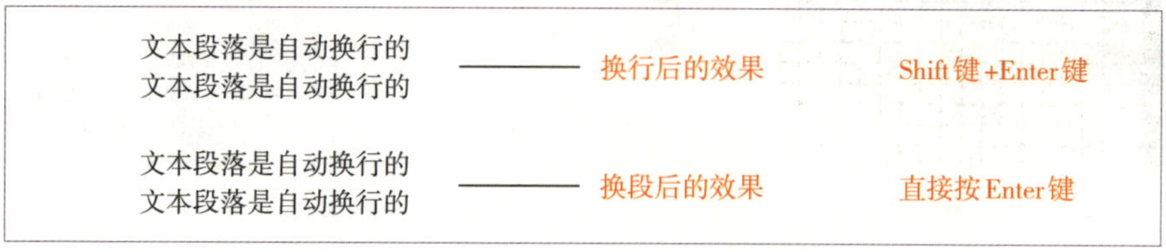

文本段落是自动换行的 ————— 换行后的效果 Shift键+Enter键
文本段落是自动换行的

文本段落是自动换行的 ————— 换段后的效果 直接按Enter键
文本段落是自动换行的

图3-12 换行和换段的效果

提示

如果是换行，则这些行的内容都是一个整体，即第一行的字体或颜色有变化，后面的行也会同时变化；如果是换段，字体的效果是互不影响的。

2. 设置文本标题

在制作网页文本时，合理地设置文本的标题，可以使文本内容更有条理性。单击文本属性栏中"格式"后的下拉菜单，如图3-13所示。Dreamweaver CS5在这里提供了六种标题供选择，每种标题的效果如图3-14所示。

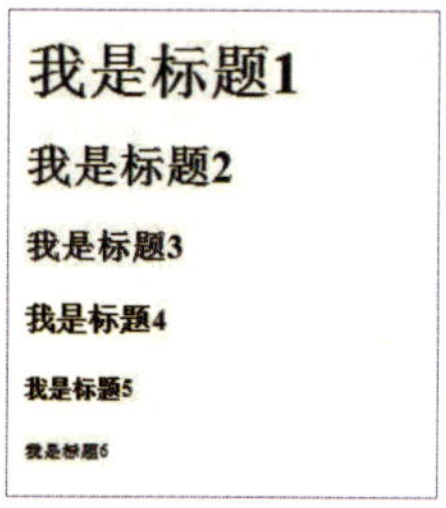

图3-13 标题选择栏　　图3-14 每种标题的效果

3. 设置文本对齐

在制作网页文本的过程中，设置文本对齐也是一种常用的操作。单击标题栏中"格式"按钮，在"对齐"的子菜单下，Dreamweaver CS5为我们提供了四种对齐方式：左对齐、右对齐、居中对齐以及两端对齐，每种对齐方式的效果如下页图3-15所示。也可以直接在属性面板内进行操作，从左到右依次是左对齐、居中对齐、右对齐、两端对齐  。

图3-15　四种对齐方式的效果

4. 设置文本凸出和文本缩进

在制作网页文本时，有时需要用文本凸出或者文本缩进来调整文本的宽度。单击标题栏中"格式"按钮，选择"缩进"或"凸出"，便可对文本进行设置，每种的效果如图3-16所示。

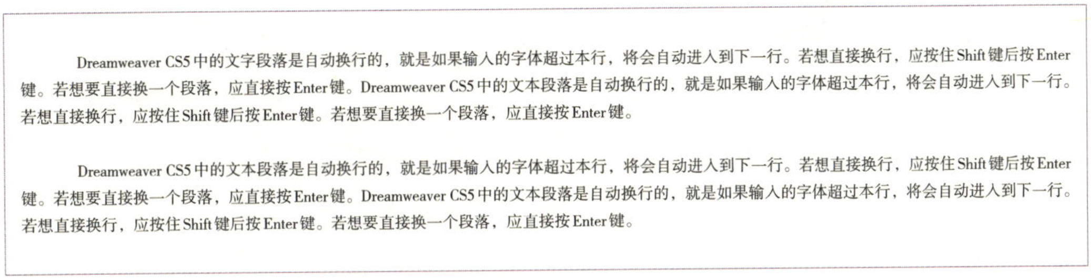

图3-16　使用"缩进"和"凸出"的效果

5. 设置项目列表和编号列表

为文本增加列表，可以使网页看起来条理清晰。列表分为项目列表和编号列表，在属性面板下，可以进行选择，如图3-17所示。

图3-17　设置项目列表和编号列表

在为文本增加列表时，按Enter键，在下一行将会自动产生列表号。如果想要取消列表时，连续按两下Enter键即可。项目列表和编号列表使用的效果如图3-18所示。

图3-18　使用项目列表和编号列表的效果

三、CSS样式规则

在Dreamweaver CS5中，要对文本进行编辑，都要新建一个CSS规则。当我们新建一个CSS规则后，别的文本内容也可以使用这个规则，不需要重复设置。

在属性面板中选择CSS，单击"编辑规则"，如图3-19所示，弹出"新建CSS规则"对话框，如图3-20所示。

图3-19　选择"编辑规则"　　　　图3-20　"新建CSS规则"对话框

在选择器名称中，可以为这个规则命名，单击确定后，便可在弹出的"CSS规则定义"对话框中进行修改，如图3-21所示。

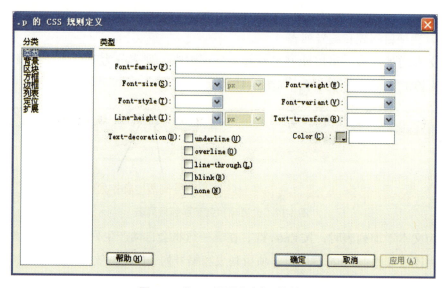

图3-21　"CSS规则定义"对话框

在分类的菜单栏下，共有八种CSS样式类型：类型、背景、区块、方框、边框、列表、定位、扩展。每种类型的含义如下。

类型：对文本的属性进行设置，如文字的字体、大小、颜色等。

背景：对网页背景进行设置，如修改网页背景颜色，设置背景图像等。

区块：对文本对齐和文字缩进等属性进行设置。

方框：调整文本边距等。

边框：对边框的属性进行设置。

列表：对列表项目进行设置。

定位：对网页中元素的定位进行设置。

扩展：对鼠标形状等视觉效果进行设置。

四、设置页面属性

在创建网页文本过程中，需要对页面的属性进行一些必要的设置。在属性面板下，单击"页面属性"按钮，在弹出的对话框中可以进行设置，如图3-22所示。

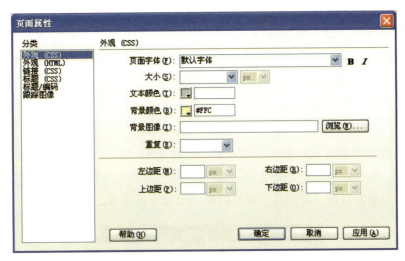

图3-22 "页面属性"对话框

1. 设置"外观"页面属性

页面字体：设置网页文本的字体。

大小：设置网页文本字体的大小。

文本颜色：设置网页文本字体的颜色。

背景颜色：设置网页的背景颜色。

背景图像：单击"浏览"按钮，在弹出的"选择图像源文件"对话框里，可以选择一个图像作为网页的背景图像。

重复：设置背景图像在页面上的显示方式。

左边距、右边距、上边距、下边距：设置文本与页面四周边界的距离。

2. 设置"链接"页面属性

链接字体：设置页面中超链接的字体样式。

大小：设置页面中超链接字体的大小。

链接颜色：设置页面中超链接字体的颜色。

变换图像链接：设置页面中变换图像后的超链接的本文颜色。

已访问链接：设置网页中已经访问过的超链接颜色。

活动链接：设置网页中激活超链接的颜色。

下划线样式：设置下划线的样式。

3. 设置"标题"页面属性

对标题1到标题6的字体大小、颜色等属性进行设置。

4. 设置"标题/编码"页面属性

标题：设置网页标题内容。

文档类型：设置指定文档类型。

编码：设置网页的文字编码。

5. 设置"跟踪图像"页面属性

跟踪图像：选择作为参考的背景图像。

透明度：设置跟踪图像的透明度。

五、在网页中插入日期、水平线以及特殊字符

1. 插入日期

将光标移到需要插入日期的位置，单击标题栏中"插入"按钮，在下拉菜单中单击"日期"，在弹出如图3-23所示的"插入日期"对话框中设置各项参数。如果想要网页文本自动更新日期，可勾选"储存时自动更新"复选框。

图3-23 "插入日期"对话框

2. 插入水平线

单击标题栏中"插入"按钮，在下拉菜单中选择"HTML"子菜单，在子菜单中选择"水平线"按钮，即可在编辑区插入一条水平线。选中水平线后，可以在属性面板下进行宽度、高度、对齐方式等属性的修改，如图3-24所示。

图3-24 修改水平线的属性

3. 特殊字符

在制作网页时，有时需要插入一些特殊字符，如版权、注册商标等。单击标题栏中"插入"按钮，在下拉菜单中选择"HTML"子菜单，在子菜单中选择"特殊字符"按钮，在弹出的下拉菜单中显示了一些常用的特殊字符，如图3-25所示。若没有想要的字符，单击"其他字符"，弹出如图3-26所示的对话框，就可以在此处进行选择。

图3-25　常用特殊字符菜单　　　　图3-26　"插入其他字符"对话框

六、浏览网页

单击标题栏中的"在浏览器中预览/调试"按钮，在下拉菜单下可以选择浏览网页的浏览器，如图3-27所示。也可使用快捷键F12，会在默认的浏览器中直接进行浏览。

预览在 360SE	F12
预览在 IExplore	
预览在 Device Central	Ctrl+Alt+F12
预览在 Adobe BrowserLab	Ctrl+Shift+F12
编辑浏览器列表(E)...	

图3-27　选择浏览器

案例制作

步骤1：启动Dreamweaver CS5后，执行"文件"→"新建"命令，在弹出的"新建文档"对话框中，单击"空白页"，在"页面类型"里选择"HTML"，单击"创建"，如下页图3-28所示。进入到设计页面，如下页图3-29所示。

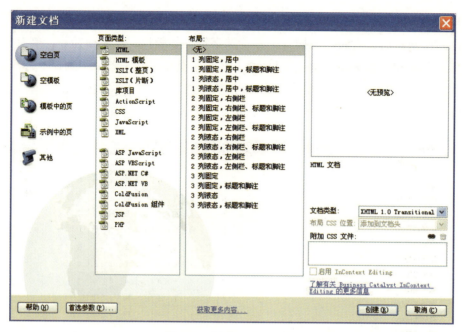

图3-28　新建 HTML 页面

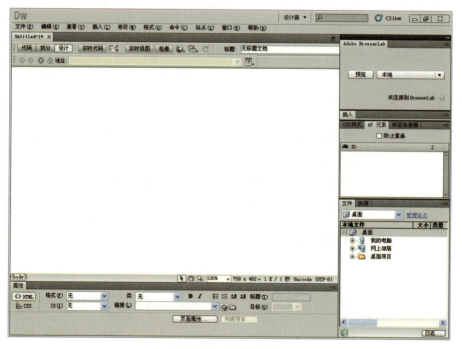

图3-29　设计页面

将网页的标题改为"寓言故事"，如图3-30所示，然后保存网页。

图3-30　更改网页标题

步骤2：将光标移至页面顶端。执行"修改"→"页面属性"命令，也可以单击属性面板中的"页面属性"按钮，弹出"页面属性"对话框，如图3-31所示，将背景色改为#E1F8F2。

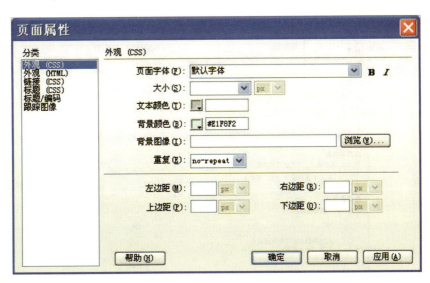

图3-31　"页面属性"对话框

单击"页面属性"对话框中背景图像后的"浏览"按钮，在弹出的对话框中（图3-32），找到要插入的图片bj.jpg的位置，选择后单击"确定"按钮，为网页添加一个图片背景。

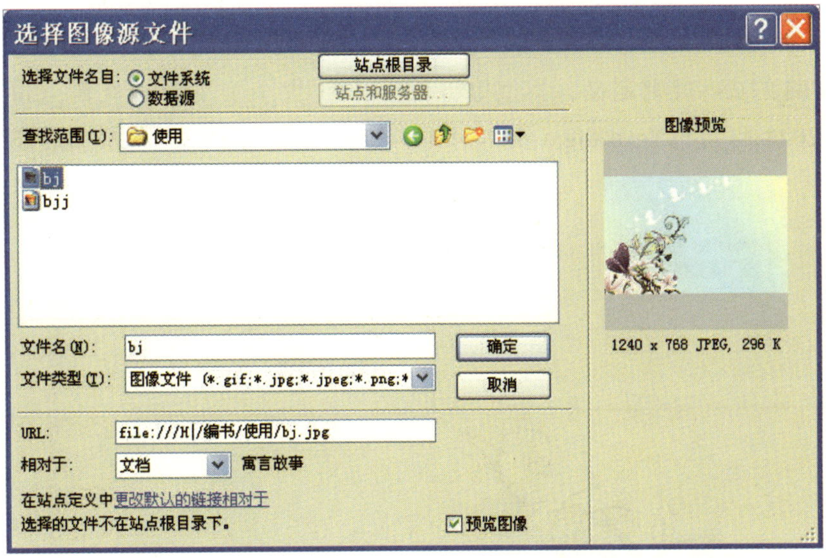

图3-32　添加背景图像

步骤3：执行"插入"→"布局对象"命令，在子菜单下选择"AP div（A）"选项，在网页中添加一个层方便文字定位。将层1移至背景中空白的地方，设置层大小为530像素×130像素。输入文章标题"中国寓言故事：高山流水"，在属性面板的"格式"下拉列表中选择"标题1"，如图3-33所示。然后选择"CSS"，单击"编辑规则"，在弹出的对话框中，选择器类型改为"标签（重新定义HTML元素）"，选择器名称改为h1，如图3-34所示。

图3-33　标题文本属性面板

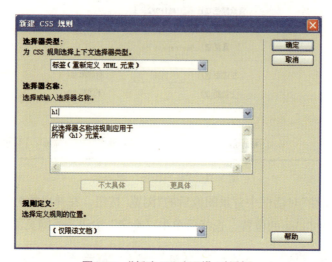

图3-34　"新建CSS规则"对话框

进入h1的CSS规则定义，类型里将Font-size（大小）改为36像素；Color（颜色）改为#5E2048；区块里Text-align（文本对齐）改为Center（居中）。完成后效果如图3-35所示。

图3-35　在层内添加文字

步骤4： 在层1中将光标移在标题后面，执行"插入"→"HTML"→"水平线"命令，为标题添加一条水平线。选中水平线，在属性面板的水平线属性里，将宽改为530像素，高改为10像素，对齐方式改为"居中对齐"，如图3-36所示。

图3-36　修改水平线属性

将光标移至水平线右边，按Enter键，使光标空出一行。执行"插入"→"日期"命令，在弹出的"插入日期"对话框中（图3-37），选择需要的日期格式，单击"确定"按钮，即可将日期插入网页内。

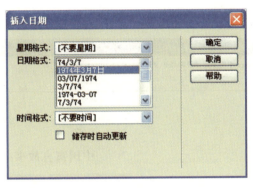

图3-37　"插入日期"对话框

将光标移动到插入的日期前，同时按住键盘上Shift、Ctrl以及Space键，可将日期移动到合适的位置。完成后效果如图3-38所示。

图3-38　添加水平线和日期

步骤5：执行"插入"→"布局对象"命令，在子菜单下选择"AP div（A）"选项，在网页中添加第二个层。将层2移至标题下方，设置层大小为620像素×460像素。

将光标移至层2内，执行"文件"→"导入"命令，选择Word文档，在弹出的对话框中，找到文本文档所保存的位置，也可以使用"复制""粘贴"命令，将素材文字粘贴在网页内。选中段落文字，在"CSS"里选择"编辑规则"，选择器类型改为"类"，选择器名称改为p1。进入p1的CSS规则定义，Font-size改为16像素，Color改为#6A5040。

此外，若想插入一些特殊字符，执行"插入"→"HTML"→"特殊字符"命令，进行选择。

步骤6：单击标题栏中的"在浏览器中预览/调试"按钮，即可在网页中浏览刚才所制作的网页内容，也可使用快捷键F12。

步骤7：保存文档，完成后效果如图3-39所示。

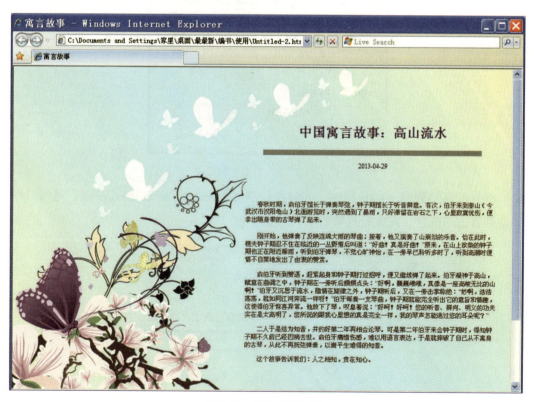

图3-39　完成后效果图

举一反三：制作"我们的班级"网页

完成后效果如图3-40所示。

图3-40　"我们的班级"网页效果图

具体操作步骤如下。

步骤1：新建HTML网页，将标题改为"我们的班级"。

步骤2：在页面属性中修改背景颜色以及插入背景图像。

步骤3：输入文字，通过新建CSS规则，更改文字的颜色、大小等。

步骤4：在文本中间插入水平线。

步骤5：保存文件，并浏览网页。

拓展知识：CSS样式

CSS是Cascading Style Sheets（层叠样式表）的缩写，是用于控制网页样式的一种标记性语言。

在网页制作过程中，CSS技术是必不可少的。通过对CSS的设置可以更好地对页面布局、背景、字体样式、字体颜色等格式效果进行更加精确地控制。

在Dreamweaver CS5中，CSS规则的选择器类型共有四种。

类（可应用于任何HTML元素）：若想要为相同的标签赋予不同的CSS样式，应选用类。选择器名称可以自定义。在CSS规则里，类为常用的选择器类型。

ID（仅应用于一个HTML元素）：与类选择器相似，但ID选择器不可以重复使用。

标签（重新定义HTML元素）：一个HTML文档中有许多标签，例如文字的标签为p，标题1的标签为h1等。若想让文档中所有的p标签都使用同一个CSS规则，则应使用标签类型。

复合内容（基于选择的内容）：一种组合形式。

单 元 小 结

本单元所讲的内容是网页的基本组成部分，是整个网页制作中最简单的部分。通过对本章案例的学习，同学们要熟练地掌握文本的输入，掌握设置网页背景的方法，熟悉网页文本的格式化，熟悉在网页中插入日期和水平线的方法，并了解CSS样式等，这样可以使我们制作的网页内容更加丰富多彩。

1. 在文本输入时，如果是从Word文档或网页上复制文本内容，可能会将文本的格式复制过去，所以要将文本在记事本中过渡一下，即可实现文本的无格式复制。

2. 在Dreamweaver CS5中，修改文本的大小、颜色等样式，需要添加CSS样式，通过选择CSS规则的选择器类型，可以更好地设置文本的各种样式。

3. 在中文的网页文本中，宋体是最常用的字体，IE浏览器默认的字体也是宋体。

单 元 习 题

一、选择题

1. 若想对制作的网页进行浏览，所使用的快捷键是（ ）。

A. F1   B. F5   C. F12   D. F10

2. 若想要在文档中插入特殊字符，应在"插入"命令下选择（ ）里找到。

A. HTML   B. 表单   C. 模板对象   D. 数据对象

二、填空题

1. 在输入网页文本时，若要为文本增加空格应按_____键，若要为段落换行应按_____键，若要为段落分段应按_____键。

2. 在CSS规则定义里，若要调整文本的对齐方式，应在_____分类里进行修改。

三、操作题

在网页中插入下面一段文字，将其中每一句的格式、颜色等进行设置，并修改页面属性，使页面优雅美观。

青青园中葵，朝露待日晞。阳春布德泽，万物生光辉。常恐秋节至，焜黄华叶衰。百川东到海，何时复西归？少壮不努力，老大徒伤悲。

网页点睛神手——
图像的美化设计

学习目标

 熟悉普通图像的插入

 掌握设置图像属性

 掌握插入鼠标经过图像

教学案例一：制作"篮球及其发展"网页

案例描述和分析

　　一个网页仅有文本很难吸引人，必须在网页文档中加入其他元素，图像就是最基本的元素。在网页设计中恰当地运用图像，可以体现网站的风格和特色。下面我们通过制作"篮球及其发展"网页来学习图像的插入与美化。

　　创建一个名为myweb.html的网页，将其保存在本地站点D:\basketball\fazhan文件夹下。在此网页顶部插入横幅图像，形成广告条。在网页中插入相应文字，在文字中插入图像，并在网页中创建鼠标经过图像，同时给网站添加背景音乐。完成后的网页效果如图4-1所示。

图4-1 "篮球及其发展"网页效果图

知识准备

　　网页离不开图像，但并不是所有的图形文件格式都适合添加到网页中。网页中使用图像的原则是在保证画质的前提下尽可能使图像的数据量小一些，这样有利于用户快速地浏览网页。通常在网页中使用以下三种图像文件格式，即 GIF、JPEG 和 PNG。GIF 和 JPEG 文件格式的支持情况最好，大多数浏览器都可以查看它们。

一、网页中常用的图像格式

1. GIF 格式

GIF 文件格式最高只支持256种颜色，它的图片数据量小，可以带有动画信息，且可以透明背景显示。最适合显示色调不连续或具有大面积单一颜色的图像，例如大量用于网站的图标 logo、广告条 banner 及网页背景图像，但由于受到颜色的限制，不适合用于照片级的网页图像。

2. JPEG 格式

JPEG 文件格式是用于摄影或连续色调图像的较好格式，它可以包含数百万种颜色，并能高效地压缩图片的数据量，使图片文件变小的同时基本不丢失颜色画质。通常用于显示照片等颜色丰富的图像。

3. PNG 格式

PNG 文件格式是一种逐步流行的网络图像格式，既融合了 GIF 格式能做成透明背景的特点，又具有 JPEG 格式处理精美图像的优点。它包括对索引色、灰度、真彩色图像以及 Alpha 通道透明度的支持。PNG 文件可以保留所有原始层、矢量、颜色和效果信息，并且在任何时候所有元素都是可以完全编辑的，因此常用于制作网页效果图。

二、设置图像的基本属性

用鼠标选择插入的图像后，在属性面板中显示了图像属性面板，如图4-2所示。

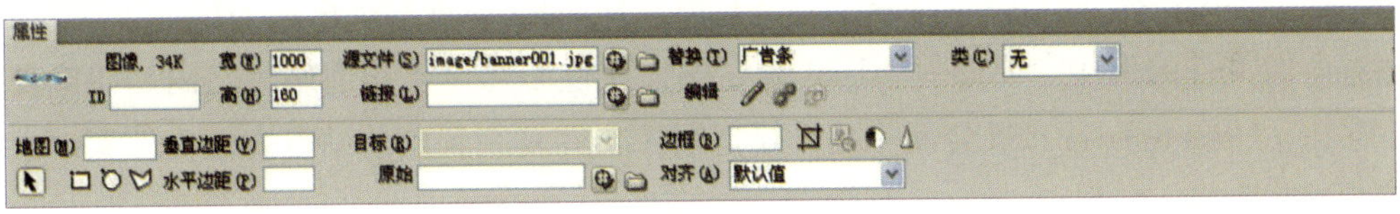

图 4-2　图像基本属性

在属性面板的左上角，显示当前图像的缩略图，同时显示图像的大小。在缩略图右侧下方有一个 ID 文本框，在其中可以输入图像标记的名称。

ID：设置图像的名称。

宽、高：可缩小或放大图像的显示尺寸。

提示

可以用更改宽、高的值来缩放插入图像实例的显示大小，但不会缩短下载时间，因为浏览器先下载所有图像数据再缩放图像。若要缩短下载时间并确保所有图像实例以相同大小显示，可以使用图像编辑软件缩放图像。

源文件：指定图像的源文件。单击文件夹图标以浏览到源文件或者键入路径。

替换：图像的说明文本，在某些浏览器中，当鼠标指针滑过图像时会显示说明文本。

边框：图像是否要加边框，以像素表示，默认为无边框。

链接：指定图像的超链接，将指向文件图标拖动到文件面板中的某个文件，单击文件夹图标浏览到站点上的某个文档，或手动键入URL。

对齐：对齐同一行上的图像和文本。

地图名称和热点工具：允许标注和创建客户端图像地图。

垂直边距、水平边距：沿图像的边添加边距，以像素表示。"垂直边距"沿图像的顶部和底部添加边距，"水平边距"沿图像的左侧和右侧添加边距。

编辑 🖊：启动在"外部编辑器"参数中指定的图像编辑器并打开选定的图像。

编辑图像设置 🔗：打开"图像"预览对话框并优化图像。

裁剪 ◩：裁切图像的大小，从所选图像中删除不需要的区域。

重新取样 🔃：对已调整大小的图像进行重新取样，提高图像在新的大小和形状下的品质。

亮度和对比度 ◑：调整图像的亮度和对比度设置。

锐化 ▲：调整图像的锐度。

重设大小 🔁：将"宽"和"高"的值重设为图像的原始大小。调整所选图像的值时，此按钮显示在"宽"和"高"文本框的右侧。

> 案例制作

把一幅图像插入Dreamweaver CS5文档时，Dreamweaver CS5在HTML文档中自动产生对图像文件的引用。要确保引用正确，图像文件必须位于当前站点之内。如检查后不存在，Dreamweaver CS5会询问是否要把图像文件复制到当前站点内的文件夹中，如图4-3所示。

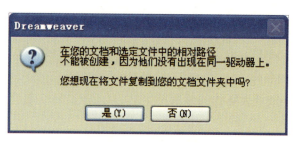

图4-3　询问对话框

一、网页中插入图像

步骤1： 在Dreamweaver CS5文档窗口中，将插入点放置在要插入显示图像的位置。

步骤2： 单击"插入"→"图像"菜单项，或者单击插入面板上"常用"项，选择"图像"按钮 🖼▾，则弹出"选择图像源文件"对话框，如下页图4-4所示。

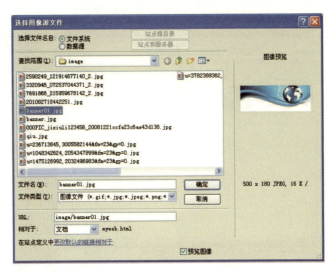

图4-4　"选择图像源文件"对话框

提示

　　a. 单击"文件系统"单选按钮，表示从本地硬盘上选择图像文件。

　　b. 选取图像文件后，在对话框的右边会出现它的预览图。

　　c. 在"URL"文本框中，显示的是当前选中图像的URL地址。

　　d. 在"相对于"下拉列表框中，选择的是文件URL地址的类型。如果选择"文档"项，表示使用的是相对地址；如果选择"站点根目录"项，表示使用的是基于站点根目录的地址。

　　步骤3：在"选择图像源文件"对话框中选择要插入的图像文件，单击"确定"按钮，则弹出"图像标签辅助功能属性"对话框，如图4-5所示。

图4-5　"图像标签辅助功能属性"对话框

　　（1）在"替换文本"下拉框中填入一个字符串，可以选择"<空>"值，也可以忽略它。

　　（2）在"详细说明"文本框中填入一个URL地址，可以单击文件夹图标，选择一个URL地址，也可以忽略它。

　　步骤4：单击"确定"按钮，图像即被插入文档中，如下页图4-6所示。

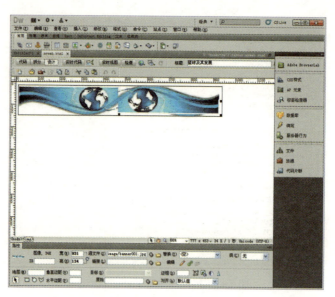

图4-6　插入图像效果

二、编辑网页中的图像

Dreamweaver CS5提供基本图像编辑功能，无需使用外部图像编辑软件（例如Fireworks、Photoshop）即可修改图像。Dreamweaver CS5图像编辑功能主要有：调整图像大小、图像重新取样、裁剪、亮度/对比度、锐化等。

> **提示**
>
> 　　Dreamweaver CS5图像编辑功能仅适用于JPEG和GIF图像文件格式，其他位图图像文件格式不能使用这些图像编辑功能编辑。
> 　　使用Dreamweaver CS5裁剪图像时，会更改图像原文件的大小。因此，需备份图像原文件，以便在需要恢复原始图像时使用。

步骤1：调整图像的大小。

（1）在文档窗口中选择要调整的图像。此时图像的底部、右侧及右下角出现三个调整大小控制点，如下页图4-7所示。如未出现调整大小控制点，则单击要调整大小的图像以外的部分重新选择，或在标签选择器中单击相应的标签以选择图像。

（2）执行下列操作调整图像的大小：

若要调整图像的宽度，则拖动右侧的选择控制点。

若要调整图像的高度，则拖动底部的选择控制点。

若要同时调整图像的宽度和高度，则拖动右下角的选择控制点。

若要在调整图像尺寸时保持图像的宽高比，则按住Shift键的同时拖动右下角的选择控制点。

图4-7　选择图像后出现三个控制点

（3）若要将图像恢复到原始大小，则单击图像属性面板中的"重设大小"按钮 。

（4）若要重新取样已调整大小的图像，则单击图像属性面板中的"重新取样"按钮 。

步骤2：裁剪图像。

（1）在文档中选择要裁剪的图像，单击"修改"→"图像"→"裁剪"，或者单击图像属性面板中的"裁剪"工具按钮 。

（2）调整裁剪控制点直到边界框包含的图像区域符合所需大小，如图4-8所示。

图4-8　裁剪图像区域

（3）在边框内部双击或按Enter键裁剪所选区域。

（4）所选图像的边界框外的所有像素都将被删除。

（5）预览图像并确保满足文档的要求。

步骤3：调整图像的亮度和对比度。

修改图像中像素的亮度或对比度，将影响图像的高亮显示、阴影和中间色调。修正过暗或过亮的图像时通常使用"亮度/对比度"。

（1）选择所要调整亮度或对比度的图像，单击"修改"→"图像"→"亮度/对比度"，或者单击图像属性面板中的"亮度和对比度"按钮 ，将弹出"亮度/对比度"对话框，如下页图4-9所示。

图4-9 "亮度/对比度"对话框

（2）拖动亮度和对比度滑动块调整设置，值的范围从 –100~100，如图4-10所示。

图4-10 亮度和对比度调整前后

（3）单击"确定"。

（4）预览图像并确保满足文档的要求。

步骤4：锐化图像。

锐化将增加对象边缘像素的对比度，从而增加图像清晰度或锐度。

（1）选择所要锐化的图像，单击"修改"→"图像"→"锐化"，或者单击图像属性面板中的"锐化"按钮 △，将弹出"锐化"对话框，如图4-11所示。

图4-11 "锐化"对话框

（2）拖动滑块控件或在文本框中输入一个0~10之间的值，来指定Dreamweaver CS5应用于图像的锐化程度。

勾选"预览"选项，在调整图像的锐化过程时，可以预览对调整图像所做的更改。

（3）单击"确定"。

（4）选择"文件"→"保存"以保存更改，或选择"编辑"→"撤销锐化"恢复到原始图像。

提示

　　若要撤销"锐化"命令的效果，只能在保存图像网页之前撤销"锐化"命令，并恢复到原始图像文件，否则一旦保存页面，对图像所做的更改将永久保存。

教学案例二：创建鼠标经过图像

案例描述和分析

　　网页文档中可以插入鼠标经过图像。鼠标经过图像是一种在浏览器中查看并使用鼠标指针移过时发生的图像。

知识准备

　　鼠标经过图像是指在页面中先显示主图像，当鼠标移动到主图像上时，图像切换到次图像。

　　选用D:\basketball\fazhan\image文件夹中的两幅或多幅图像用于鼠标经过图像。使用选择的两幅图像创建鼠标经过图像：主图像（图4-12）和次图像（图4-13）。所谓的主图像，就是载入页面时显示的图像，次图像就是当鼠标指针移过主图像时显示的图像。鼠标经过图像中两幅图像大小相等，如果这两幅图像大小不同，Dreamweaver CS5将自动调整第二幅图像的大小以匹配第一幅图像的大小。

图4-12　主图像　　　　　图4-13　次图像

案例制作

　　步骤1：在文档窗口中，将插入点放置在要显示鼠标经过图像的位置。

　　步骤2：单击"插入"→"图像对象"→"鼠标经过图像"，打开"插入鼠标经过图像"对话框，如下页图4-14所示。

图4-14 "插入鼠标经过图像"对话框

步骤3：单击"浏览"按钮，在"原始图像"文本框内插入主图像；在"鼠标经过图像"文本框内插入次图像，也可在"替换文本"文本框内输入替换的文本，如图4-15所示。

图4-15 设置"插入鼠标经过图像"对话框

步骤4：对话框完成，单击"确定"按钮。

步骤5：选择"文件"→"在浏览器中预览"，或按F12键，预览鼠标经过图像效果如图4-16所示。

图4-16 鼠标经过图像效果

> **提示**
>
> 使用以下方法之一插入鼠标经过图像。
>
> a. 在"插入"菜单中，选择"常用"，然后单击"插入鼠标经过图像"图标。
>
> b. 在"插入"菜单中，选择"常用"，然后将"插入鼠标经过图像"图标拖到文档窗口中所需位置。
>
> c. 选择"插入"→"交互式图像"→"插入鼠标经过图像"。
>
> 以上任一方法都弹出"插入鼠标经过图像"对话框。
>
> 注意：设置完成后，不能在设计视图中看到鼠标经过图像的效果。

教学案例三：给网页添加声音

案例描述和分析

在网页中添加背景音乐可使浏览网页体验别有风味，应该如何使用Dreamweaver CS5在网页中添加背景音乐呢？下面介绍使用Dreamweaver CS5为网页添加背景音乐的方法。

知识准备

可以在网页中添加声音文件。有多种不同类型的声音文件和格式，例如WAV、MIDI、MP3等。在确定采用哪种格式和方法添加声音前，需要考虑以下因素：添加声音的目的、页面访问者、文件大小、声音品质和不同浏览器的差异。经常用于网络传输的音频文件格式有：MP3格式、RealAudio格式、WMA格式和MID格式。下面简单介绍网页中常用的音频文件格式。

> **提示**
>
> 浏览器不同，处理声音文件的方式也会有很大的差异和不一致的地方。最好将声音文件添加到SWF文件中，然后嵌入SWF文件以改善一致性。

一、音频文件格式

1. MIDI 或 MID

许多浏览器都支持MIDI文件，并且不需要插件。MIDI文件的声音品质非常好，而且很小的MIDI文件就可以提供较长时间的声音剪辑。这种格式适合于做背景音乐。

2. WAV

此格式的文件具有良好的声音品质，许多浏览器支持此类格式文件且不需要插件，但其文件大小严格限制了其在网页上使用的声音剪辑的长度。

3. AIFF

此格式的文件具有良好的声音品质，许多浏览器支持此类格式文件且不需要插件，但其文件大小严格限制了其在网页上使用的声音剪辑的长度。

4. MP3

MP3是一种压缩格式，它可使声音文件明显缩小，且声音品质非常好。如果正确录制和压缩MP3文件，其音质甚至可以和CD相媲美。MP3技术可以对文件进行"流式处理"，以便访问者不必等待整个文件下载完成即可收听音乐。若要播放MP3文件，访问者必须下载并安装播放软件或插件，例如QuickTime、Windows Media Player或RealPlayer。

5. .ra、.ram或RealAudio

此格式具有非常高的压缩度，文件大小要小于MP3，全部音频文件可以在合理的时间范围内下载，因为可以在普通的Web服务器上对这些文件进行"流式处理"，所以访问者在文件完全下载之前就可听到声音，访问者必须下载并安装RealPlayer播放软件或插件才可以播放这种文件。

6. .qt、.qtm、.mov或QuickTime

此格式是由苹果公司开发的音频和视频格式。苹果公司 Macintosh操作系统中包含了QuickTime，且大多数使用音频、视频或动画的Macintosh应用程序都使用QuickTime。Windows系统可播放QuickTime格式的文件，但需要特殊的QuickTime驱动程序。QuickTime支持大多数编码格式，如JPEG、MPEG。

二、嵌入声音文件

嵌入音频可将声音直接集成到网页页面中。当访问者在访问站点时，使用的浏览器具有播放所选声音文件的适当插件后，声音就可以播放。如果将声音用作背景音乐，或希望控制音量、播放器在网页页面上的外观或声音文件的开始点和结束点，就可以嵌入声音文件。

FLA、SWF和FLV文件类型

（1）FLA文件（.fla）

FLA文件是项目的源文件，由Flash创作工具创建。此类型的文件只能在Flash创作工具中打开，而无法在浏览器中打开。只有在Flash创作工具中打开FLA文件，然后将它发布为SWF或SWT文件，才可以在浏览器中使用。

（2）SWF文件（.swf）

SWF文件是FLA文件的编译版本，已进行优化，可以在Web上查看。此文件可以在浏览器中播放，且可在Dreamweaver CS5中进行预览，但不能在Flash创作工具中编辑此文件。

（3）FLV文件（.flv）

FLV文件是一种视频文件，它包含经过编码的音频和视频数据，用于通过Flash 播放器进行传送。

如果有QuickTime或Windows Media视频文件，则可使用编码器将视频文件转换为FLV文件。

案例制作

一、网页添加背景音乐

在设计视图中，将插入点放置在你所要嵌入文件的地方，然后执行以下操作。

步骤1：在"插入"菜单的"常用"类别中，单击"媒体"按钮 ，然后从弹出菜单中选择"插件"图标；或者选择"插入记录"→"媒体"→"插件"，在弹出的"选择文件"对话框中选择音频文件，然后单击"确定"，如图4-17所示。

图4-17　"选择文件"对话框

步骤2：通过在属性面板中，在"宽""高"文本框中输入宽和高的数值分别为700和60，如图4-18所示，或者通过在文档窗口中调整插件占位符的大小，以改变播放条的宽度和高度。

图4-18　插入音频文件的属性面板

步骤3：打开网页的时候，声音就能够自动播放。如果不想在打开网页时声音自动播放，单击属性面板中的"参数"按钮，弹出如图4-19所示"参数"对话框。

图4-19　"参数"对话框

步骤4：在弹出的"参数"对话框中，分别在"参数"和"值"文本框中输入autostart和false，这样在打开网页时音乐就不自动播放。

步骤5：保存文档，按F12键，即可浏览网页中添加的音乐。

二、在网页中插入SWF文件

步骤1：在文档的设计视图中，将光标放置到要插入SWF文件的位置。

步骤2：单击"插入"→"媒体"→"SWF"；或者在插入面板中选择"常用"项，单击"媒体"按钮，选择"SWF"选项，如图4-20所示。

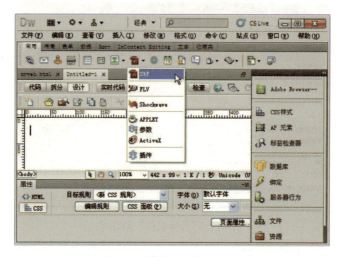

图4-20 选择"SWF"选项

> **提示**
>
> 在窗口菜单中，选择插入项，可以实现插入面板的显示和隐藏。

步骤3：选择"SWF"项后，弹出"选择SWF"对话框，如图4-21所示。

图4-21 "选择SWF"对话框

步骤4：在"选择 SWF"对话框中选择一个SWF文件，在"文件名"文本框中会出现此SWF文件，也可以将SWF文件的URL地址添加到"URL"文本框中，然后单击"确定"按钮。

步骤5：弹出"对象标签辅助功能属性"对话框，如图4-22所示。

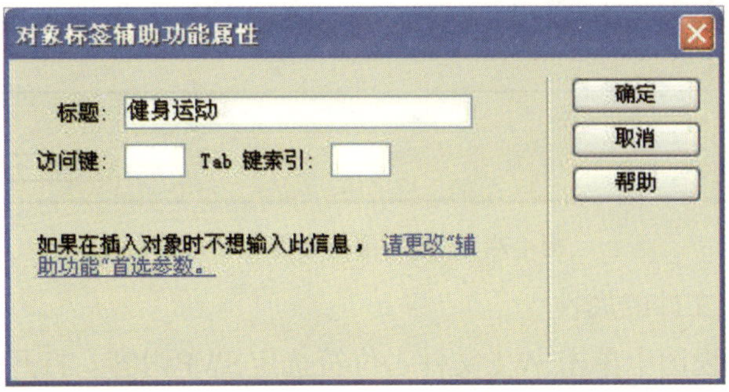

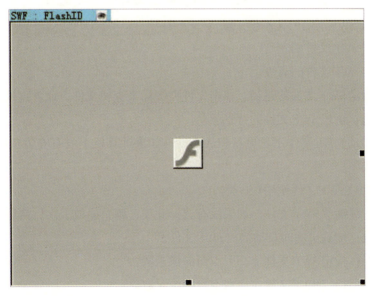

图4-22　"对象标签辅助功能属性"对话框

标题：输入一段提示文本。当鼠标停留在SWF文件上面时，会出现这一提示信息。

访问键：输入一个键盘快捷键。

Tab键索引：按Tab键切换时的循序。

步骤6：单击"确定"按钮，SWF文件就插入到文档中了，如图4-23所示。

图4-23　插入SWF文件

步骤7：保存文档。

保存时请将expressInstall.swf和swfobject_modified.js文件一同保存，并在把SWF文件上传到Web服务器时，同时上传这两个文件，否则浏览器无法正确显示插入的SWF文件，如下页图4-24所示。

图4-24 "复制相关文件"对话框

三、设置SWF文件的属性

在文档的设计视图中单击SWF文件占位符选定SWF内容。打开SWF文件的属性面板，如图4-25所示。

图4-25 SWF文件的属性面板

SWF：在SWF下面的文本框中输入一个ID号。

宽：指定SWF文件的宽度。

高：指定SWF文件的高度。

文件：指定SWF文件的路径。单击文件夹图标来查找文件，或者直接输入路径。

背景颜色：指定SWF文件的背景颜色。

编辑：启动Flash制作工具更新FLA文件。如果计算机上没有安装Flash制作工具，则会禁用此选项。

类：可以对SWF文件使用CSS类。

循环：连续播放SWF文件。如果没有选择此项，则只播放一次，然后停止。

自动播放：加载页面时自动播放SWF文件。

垂直边距：指定SWF文件上、下空白的像素数。

水平边距：指定SWF文件左、右空白的像素数。

品质：设置"品质"参数。

① 高品质设置优先照顾SWF文件的显示效果，然后才考虑显示速度。因此，高品质设置使SWF文件看起来比较美观，但是需要较快的CPU才能在屏幕上流畅显示出来。

② 低品质设置优先照顾SWF文件的显示速度，然后才考虑显示效果。

③ 自动低品质优先照顾SWF文件的显示速度，然后会在可能的情况下改善显示效果。

④　自动高品质开始时会同时照顾SWF文件的显示速度和效果，但是以后可能会根据需要牺牲显示效果以确保显示速度。

比例：确定SWF文件如何适合在宽度和高度文本框中设置的尺寸。"默认"设置为显示整个SWF文件。

对齐：设置SWF文件在页面上的对齐方式。

Wmode：设置SWF文件的Wmode参数，以避免与DHTML元素（例如Spry Widget）相冲突。

①　默认值是"不透明"：表示在浏览器中，DHTML元素可以显示在SWF文件上面。

②　选择"透明"项：表示SWF文件可以包括透明度，DHTML元素显示在SWF文件下面。

③　选择"窗口"项：可以从代码中删除Wmode参数，并允许SWF文件显示在其他DHTML元素上面。

播放：在文档窗口中播放SWF文件。

参数：打开一个对话框，在其中输入传递给SWF文件的其他参数。

举一反三：制作"网页美术班级"班级介绍网页

如图4-26所示，创建一个"网页美术班级"站点的班级介绍网页，根据网页效果图，最后形成10bj.html网页文件。

图4-26　网页效果图

具体操作步骤如下。

步骤1：创建"网页美术班级"站点。

步骤2：插入班级bjbanner.jpg等图片，调整图像的尺寸大小和位置。

步骤3：插入班级简介文本。

步骤4：插入背景音乐，并设置背景音乐的播放形式。

拓展知识：图像的其他操作

一、图像与文本的对齐

可以将图像与同一行中的文本、另一个图像、插件或其他元素对齐，还可以设置图像的水平对齐方式。

1. 在设计视图中选择插入的图像。

2. 在属性面板中使用"对齐"弹出菜单设置图像的对齐属性，如图4-27所示。

图4-27　对齐属性列表

3. 对齐选项包含下列选项：

（1）默认值

指定基线对齐，根据站点访问者的浏览器的不同，默认值也会有所不同。

（2）基线

将文本（或同一段落中的其他元素）基线与选定对象的底部对齐。

（3）顶端

将图像的顶端与当前行中最高项（图像或文本）的顶端对齐。

（4）居中

将图像的中线与当前行的基线对齐。

（5）底部

将图像的底部与当前行中最低项（图像或文本）的底部对齐。

（6）文本上方

将图像的顶端与文本行中最高字符的顶端对齐。

（7）绝对居中

将图像的中线与当前行中文本的中线对齐。

（8）绝对底部

将图像的底部与文本行（包括字母下部、例如在字母 g 中）的底部对齐。

（9）左对齐

将所选图像放置在左侧，文本在图像的右侧换行。如果左对齐文本在行上处于对象之前，它通常强制左对齐对象换到一个新行。

（10）右对齐

将所选图像放置在右侧，文本在图像的左侧换行。如果右对齐文本在行上处于对象之前，它通常强制右对齐对象换到一个新行。

二、网页图像链接

1. 图像地图

图像地图是指已被分为多个区域（称为热点）的图像。图像地图的作用就是当用户单击一个图像的某个热点时，可以链接到另一个新的网页，也可以在当前窗口打开。图像地图即指在一幅图片上实现多个局部区域指向不同的网页链接。例如一幅中国地图的图片，单击不同的省跳转到不同的网页，可点的区域就是热点。鼠标移动到省份的热区，会显示提示，如果有预先设定的网站，点击就会进入预设的网站。

> **提示**
>
> 客户端地图将超文本链接信息存储在 HTML 文档中，而服务器端地图将超文本链接信息存储在单独的地图文件中。Dreamweaver CS5 并不改变现有文档中对服务器端图像的引用。在同一文档中，可以同时使用客户端图像地图和服务器端图像地图。不过，同时支持这两种图像地图类型的浏览器赋予客户端图像地图以优先权。若要在文档中包含服务器端图像地图，必须编写相应的 HTML 代码。

2. 创建图像地图

在插入图像地图时，先创建一个热点，然后创建热点所打开的链接。在同一图像地图的不同部分创建多个热点。

（1）在文档窗口中，选择插入的图像。

（2）在属性面板中，单击右下角的展开箭头，查看其属性，如下页图 4-28 所示。

图4-28　属性面板

（3）在"ID"文本框中为此图像地图输入一个唯一名称。如果在同一文档中使用多个图像地图，要确保每个地图都有唯一名称。

（4）定义图像地图区域，利用展开的属性面板上的热点工具在画面上绘制热区，如图4-29所示。

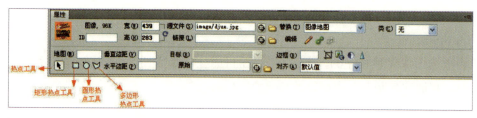

图4-29　热点工具

（5）创建热点后，出现热点属性面板，单击"链接"文本框后的文件夹图标 ，浏览并选择此热点要打开的文件，或者键入其路径。

链接：填入相应的链接地址（如链接到myweb.html），如图4-30所示。

图4-30　热点属性面板

（6）在"目标"弹出菜单中选择一个窗口或键入其名称。

目标：选择目标窗口打开方式，不做选择则默认在新浏览器窗口中打开。

> **提示**
>
> 当文档中指定的框架不存在时，所链接的页面会加载一个新窗口，此窗口使用指定的名称，也可选用下列保留目标名。
>
> a. _blank：将链接的文件加载到一个未命名的新浏览器窗口中。
>
> b. _parent：将链接的文件加载到含有链接的框架的父框架集或父窗口中。如果包含链接的框架不是嵌套的，则链接文件加载到整个浏览器窗口中。
>
> c. _self：将链接的文件加载到此链接的同一框架或窗口中。这个目标名是默认的，通常不需要指定它。
>
> d. _top：将链接的文件加载到整个浏览器窗口中，因而会删除所有框架。
>
> 注意：只有当所选热点包含链接后，这些目标选项才可用。

（7）在"替换"文本框中，键入在纯文本浏览器或手动下载图像的浏览器中显示的替换文本。

替换：填入提示文字说明。

（8）重复（4）~（7），定义此图像地图中的圆形热点和多边形热点。

（9）完成绘制图像地图后，在文档中的空白区域单击以更改属性。

三、修改图像地图热点

1. 选择图像地图中的多个热点

（1）使用指针热点工具选择一个热点。

（2）执行下列操作之一：

① 按下 Shift 键的同时单击要选择的其他热点；

② 按快捷键 Ctrl+A，选择所有热点。

2. 移动热点

（1）使用指针热点工具选择一个热点。

（2）执行下列操作之一：

① 将此热点拖动到新区域；

② 使用 Ctrl+方向键将热点向选定的方向一次移动 10 个像素；

③ 使用方向键将热点向选定的方向一次移动 1 个像素。

3. 调整热点大小

（1）使用指针热点工具选择一个热点。

（2）拖动热点选择器手柄，更改热点的大小或形状。

单 元 小 结

网页的精美度，是通过图像元素、版面元素、内容来决定的。本章通过对图像的美化设计，讲解了网页中常用的图像格式、插入图像的方法以及图像属性的设置，这些基础操作可以让网页内容更生动、丰富，色彩更美观。本章还讲解了插入鼠标经过图像的相关知识、网页中背景音乐和 SWF 文件的插入及相关知识，这些内容可以充分地将网页多媒体功能体现出来。熟练地掌握网页图像和图像的设置将会对以后的实际网页制作有很大的帮助。

单 元 习 题

一、选择题

1. 互联网上图像大部分使用（　　）和（　　）格式，因为它们除了具有压缩比例高的优点外，还具有跨平台的特性。

A. JPEG，GIF　　　　B. TIF，GIF　　　C. JPEG，TIF　　　　　D. TIF，BMP

2. 按下（　　）组合键能快速打开"选择图像源文件"对话框。

A. Ctrl+Shift+L　　　B. Ctrl+Alt+L　　C. Ctrl+Shift+A　　　　D. Ctrl+Alt+F

3. 图像映射上的热点区域可以是以下形状中的（　　）。

A. 矩形　　　　　　　B. 圆形　　　　　C. 任意多边形　　　　D. 椭圆形

4. 如果要使图像在缩放时不失真，在图像显示原始大小时，按下（　　）键，拖动图像右下方的控制点，可以按比例调整图像大小。

A. Ctrl　　　　　　　B. Shift　　　　　C. Alt　　　　　　　D. Shift+Alt

5. GIF格式图像的优点有（　　）。

A. 它支持动画格式　　　　　　B. 支持透明背景

C. 无损方式压缩　　　　　　　D. 支持24位真彩色

6. GIF格式图像为8位颜色模式，共能显示（　　）种颜色。

A. 64　　　　　　　　B. 16　　　　　　C. 8　　　　　　　　D. 256

7. 在Dreamweaver CS5中，下面关于设置创建网页图像集的说法错误的是（　　）。

A. 在属性对话框中，设置选择微缩图尺寸

B. 在属性对话框中，设置选择微缩图格式

C. 在属性对话框中，设置选择放大的图像格式

D. 不能设置放大的图像的尺寸比例

二、填空题

1. 在网页中添加图像的方法有_____、_____和_____三种。

2. 在Dreamweaver CS5中，设置网页背景有两种方法，分别是_____和_____。

3. 设置图像属性时，单击属性检查器上的宽和高之间的_____按钮可以重设图像大小。

三、操作题

1. 在网页中插入一幅图像，然后使用热点工具为图像创建热区，并为热区设置提示文字，如图4-31所示。

图4-31 完成效果图

2. 利用如图4-32所示的两幅图在网页中创建鼠标经过图像。

图4-32 主图像与次图像

第5单元　网页结构之翼——层布局的设计

学习目标

◇　掌握绘制层

◇　掌握选中层

◇　掌握层的属性设置

◇　理解在层中添加内容

◇　了解调整层的大小

教学案例：制作"唯我音乐榜"网页

案例描述和分析

层是HTML中的一种页面元素，在层中可以添加文本、图像、表格、插件等元素，甚至还可以包含其他层。使用层可以使网页从二维转向三维，经过页面上元素的重叠和设置复杂的布局，使网页更具立体感。

在这里，我们运用层的各种功能制作一个音乐榜单的网页。在各类榜单下用层制作榜单的详细内容，运用隐藏层的功能，使我们只有在点击榜单的文字时，才会出现榜单的介绍。

完成后的网页效果如图5-1所示。

图5-1 "唯我音乐榜"网页效果图

知识准备

一、在页面中创建层

1. 插入层

执行"插入"→"布局对象"命令，在子菜单下选择"AP Div(A)"选项，如图5-2所示。这样就在文档窗口中创建出一个"层"，大小为默认的宽200像素，高115像素。

图5-2　插入 AP Div(A)

2. 自由绘制层

单击"窗口"按钮，勾选"插入"选项。在软件右侧的面板组中，选择插入面板中的布局子面板（图5-3），在布局子面板中选择"绘制 AP Div"。选择后将光标移动到文档窗口中，此时光标变成了十字形"＋"，按住鼠标左键进行拖动便可自由绘制层。

图5-3　绘制 AP Div

3. 嵌套层

嵌套层是指在已有的层中创建新的层，使它们成为一个整体。嵌套层也被称为子层，包含在它外面的层被称为父层，子层可随父层一起移动，父层中可以包含多个子层。如图5-4所示，一个父层嵌套三个子层。

图5-4　绘制嵌套层

二、设置层的属性

1. 设置层的首选项属性

执行"编辑"→"首选参数"命令，在"分类"中选择"AP元素"，如图5-5所示。

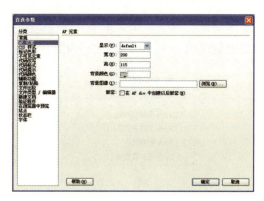

图5-5　设置"AP元素"的首选参数

在这里，可以将层的默认属性显示、宽、高、背景颜色、背景图像等进行修改。每种类型的含义如下。

显示：设置默认情况下层的可见性，default（默认），inherit（继承），visible（可见），hidden（隐藏）。

宽：设置默认情况下层的宽度，单位为像素。

高：设置默认情况下层的高度，单位为像素。

背景颜色：设置默认情况下层内的颜色。

背景图像：设置默认情况下层内所插入的图片。

2. 设置层的属性

选中层后，在属性面板中可以设置层的各种属性，如图5-6所示。

图5-6　层的属性面板

CSS-P元素：修改层的编号，注意编号只能为字母和数字，且不能以数字开头。

左、上：设置层与文档窗口的左边和上边的距离。

宽、高：设置层的宽度与高度。

Z轴：设置层显示的层次。如果几个层重叠，编号大的层会覆盖住编号小的层，如下页图5-7所示。

可见性：设置层的显示状况。default（默认），不指定可见性属性；inherit（继承），可以继承父层的可见性；visible（可见），显示层的所有内容，不论父层是什么值；hidden（隐藏），隐藏该层的所有内容，不论父层是什么值。

图5-7 层显示层次

背景图像：为层的背景添加图像。

背景颜色：设置层的背景颜色。

溢出：选择层内容超过层大小时的显示方式。visible（可见），超出的部分完全显示出来；hidden（隐藏），超出的部分隐藏起来，不在层中显示；scroll（滚动），在层中增加滚动条；auto（自动），超出时在层中增加滚动条。

剪辑：设置层的可视区域。

类：为层选择CSS样式。

三、层的基本操作

在我们创建好层后，可以对层进行一系列操作。

1. 激活层与移动层

创建好层后，在层内单击鼠标左键，这样就激活了层，可以在里面添加文本等内容。若鼠标左键单击在层的边缘上，则是选择层，可对层进行移动并进行属性修改。

2. 在层中添加内容

激活层后，光标在层中显示，此时可以添加文本。若想插入图像，单击"插入"→"图像"进行选择。此外，也可在层中直接插入表格、表单等内容。

3. 调整层

选择层后，在层的边缘出现八个矩形的点，拖动任何点，都可调整层的大小，如图5-8所示。也可在选中层后在层的属性面板里修改宽、高。若想对层的大小进行微调，可以在选中层后，按住Ctrl键不放，同时按键盘上的上、下、左、右方向键即可。注意，每按一下调整一个像素。

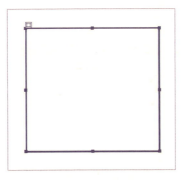

图5-8 调整层的大小

4. 对齐层

在绘制许多层后，也可以将它们统一排列整齐。选择或激活第一个层后，按住 Shift 键不放，再继续选择或激活其他层，单击"修改"，在"排列顺序"命令的下拉菜单中可进行调整，如图 5-9 所示。

移到最上层(G)	
移到最下层(D)	
左对齐(L)	Ctrl+Shift+1
右对齐(R)	Ctrl+Shift+3
上对齐(T)	Ctrl+Shift+4
对齐下缘(B)	Ctrl+Shift+6
设成宽度相同(W)	Ctrl+Shift+7
设成高度相同(H)	Ctrl+Shift+9
防止 AP 元素重叠(P)	

图 5-9

移到最上层：将选择层的叠放顺序设为最上层。

移到最下层：将选择层的叠放顺序设为最底层。

左对齐：将所选层的左边缘对齐。

右对齐：将所选层的右边缘对齐。

上对齐：将所选层的上边缘对齐。

对齐下缘：将所选层的下边缘对齐。

设成宽度相同：设置所选层的宽度相同。

设成高度相同：设置所选层的高度相同。

提示

对齐层的调整是针对层的位置，例如左对齐的话就是所有层都和最左边的层的左边缘对齐，而不是和文档窗口的左边缘对齐。

5. 防止重叠

在制作过程中，若不想让层有重叠的现象，可在调整层位置之前勾选 AP 元素面板组中的"防止重叠"选项，如图 5-10 所示。

图 5-10 "防止重叠"选项

　　防止层重叠主要是为了防止在编辑层的过程中将层弄乱。如果在设计网页时使用了多个层，一定要注意把层进行命名，以方便后面制作。

四、使用标尺与网格定位层

在创建层之前，利用网格和标尺对层定位，可以更准确、精准地创建层。

执行"查看"→"标尺"命令，勾选"显示"，即可在工作区域显示标尺；执行"查看"→"网格设置"命令，勾选"显示网格"，即可在工作区域显示网格，也可在"网格设置"中，对网格的颜色和间隔进行设置，如图5-11所示。

图5-11　设置"网格设置"选项

案例制作

步骤1：启动Dreamweaver CS5后，新建一个名为"唯我音乐榜"的站点，在站点内建一个名为images的文件夹，将网页所用的图片素材放在里面。

新建HTML网页，修改页面属性，将背景颜色改为#BBE8CB。将光标移至页面顶端，执行"插入"→"布局对象"命令，选择"AP Div（A）"选项，插入层，修改属性参数如图5-12所示，插入素材。

图5-12　修改属性参数

步骤2：在下方插入层，命名为middle。尺寸为宽1024像素、高150像素，并在层中插入相应的素材图片，如图5-13所示。

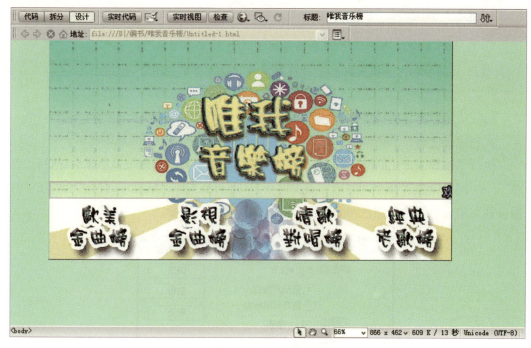

图5-13 插入一个层

步骤3：插入尺寸为宽1024像素、高552像素的层，重命名为qiantao，添加层的背景图像，如图5-14所示。

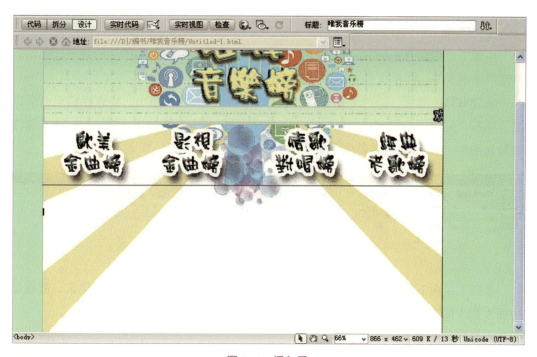

图5-14 插入层

步骤4： 在qiantao层中添加一个嵌套层，尺寸为宽610像素、高400像素，重命名为qiantao1。添加qiantao1层中的背景图像，并输入文字添加文字效果，如图5-15所示。

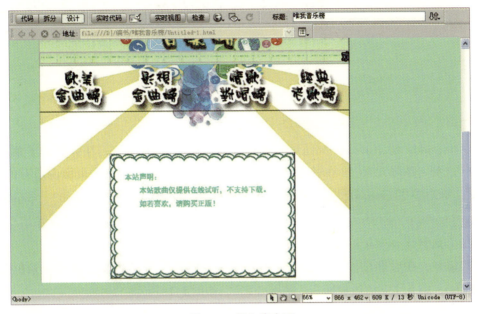

图5-15　插入嵌套层

步骤5： 隐藏qiantao1层，在相同的位置插入同样尺寸的层，重命名为qiantao2，为层添加背景图像，插入图像素材以及用插入表格的方法添加文字内容和效果，如图5-16所示。

图5-16　插入五个层

步骤6： 同样的方法，依次制作出qiantao3、qiantao4、qiantao5三个嵌套层。

步骤7： 接下来，我们将为网页进行行为上的设置。当你点击一个榜单时，则会对应出现榜单内容，其他内容不会显示。

执行"窗口"命令，勾选"行为"选项。此时，在软件右边的面板组中将会出现标签检查器面板，选择"行为"按钮，如下页图5-17所示。

图 5-17　添加标签检查器面板

激活 middle 层中的第一幅图片，选择行为面板中的  按钮，在弹出的子菜单中选择"选择－隐藏元素"。在弹出的对话框中，"元素"中显示的是页面内所有的层，选择它所对应的 qiantao2 层，单击"显示"按钮，将 qiantao1、qiantao3、qiantao4、qiantao5 层改为"隐藏"。这样，预览网页时，点击第一个榜单时，将会弹出榜单。同样的方法制作 middle 层中其他图片的行为。

步骤 8：在底部添加一个层，尺寸为宽 1024 像素、高 35 像素，将层背景色改为 #EDE8B0，输入文字"版权所有　翻版必究"，如图 5-18 所示。

版权所有　翻版必究

图 5-18　底部层效果图

步骤 9：单击标题栏中的"在浏览器中预览/调试"按钮，即可在网页中浏览刚才所制作的网页内容，也可使用快捷键 F12。

在浏览网页时，会弹出一个阻止条，如图 5-19 所示。此时点击阻止条选择"允许阻止的内容"，如图 5-20 所示。在弹出的对话框中选择"是"即可，如图 5-21 所示。

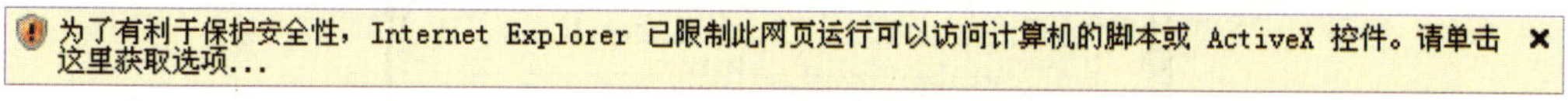

为了有利于保护安全性，Internet Explorer 已限制此网页运行可以访问计算机的脚本或 ActiveX 控件。请单击这里获取选项…

图 5-19　网页弹出阻止条

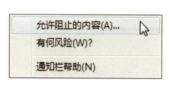

图 5-20　阻止条对话框

图 5-21　"安全警告"对话框

> **提示**
>
> 为了使点击链接时达到更好的效果，可以在鼠标移至链接处时添加一个空链接🖑。在图片属性栏中，在"链接"后的对话框中输入"#"后，按Enter键即可。注意添加完空链接后，需要把图片的边框改为0像素。

点击不同榜单所显示的效果如图5-22所示。

图5-22　不同榜单效果图

举一反三：制作"美丽瞬间"网页

制作一个"美丽瞬间"网页，完成后效果如图5-23、图5-24所示。

图5-23 "美丽瞬间"网页效果图1

图5-24 "美丽瞬间"网页效果图2

具体操作步骤如下。

步骤1： 新建站点，创建名为images的文件夹，将所用素材放在里面。新建一个HTML网页，将标题改为"美丽瞬间"。

步骤2： 在页面属性中修改背景颜色和文本颜色以及页面字体和大小。

步骤3： 插入层与层的内容，设置每个层的背景颜色，调整层内图片的水平边距和垂直边距。

步骤4： 调整层的位置，修改层的ID，方便后面操作。

步骤5： 设置层的行为属性。

步骤6： 保存文件，并浏览网页。

拓展知识：层与表格的转换

在我们制作网页时，为了使网页具有更好的兼容性，一般会将层转化为表格。

一、层转化为表格

执行"修改"→"转换"命令，在子菜单下选择"将AP Div转换为表格"后弹出如图5-25所示的对话框，每项含义如下。

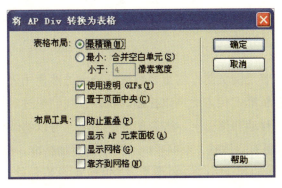

图5-25　"将AP Div转换为表格"对话框

表格布局

最精确：每一层的内容都转换为一行或一列表格，如空白的行或列也转换成一行或一列空表格。

最小：转换设置好像素的空白单元，这样将会产生较少的空白行或列。

使用透明GIFs：使用透明的GIFs来填充表格的最后一行。

置于页面中央：在文档窗口中居中所有表格。

布局工具

防止重叠：防止层与层之间重叠。

显示AP元素面板：在面板组中显示AP元素面板。

显示网格：在层转换为表格后显示网格。

靠齐到网格：可以精准地定位层。

设置完成后单击"确定"即可完成层到表格的转换。

二、表格转化为层

执行"修改"→"转换"命令，在子菜单下选择"将表格转换为AP Div"后弹出对话框，每项含义如下。

布局工具

防止重叠：防止层与层之间重叠。

显示AP元素面板：在面板组中显示AP元素面板。

显示网格：在表格转换为层后显示网格。

靠齐到网格：可以精准地定位层。

设置完成后单击"确定"即可完成表格到层的转换。

单 元 小 结

本单元所讲的内容是网页制作的重要组成部分。虽然使用表格可以布局网页，但有些网页元素对象在精准定位方面难以控制。所以，我们通过对层的基本操作、层的属性设置、对齐层、移动和调整层、嵌套层等的学习，可以熟练地操作层的功能，使我们制作的网页内容更有立体感，对网页内容的定位更加精准，提高工作效率。

1. 创建层时默认的层大小为200像素×150像素，若想修改默认值，按快捷键Ctrl+U调出参数设置窗口，选择"AP元素"，在右边的属性栏中设置即可。

2. 如果网页中使用了多个层，一定要将每个层进行命名，防止在修改层内容的时候选错层。

3. 如果设计页面中有嵌套层或重叠的层，就无法实现从层到表格的转换。层的功能比表格的功能强大得多，所以将表格转换为层的意义不大。

单 元 习 题

一、选择题

1. 在制作网页使用多个层时，若不想将层重叠，应该在(　　)里进行选择。

A. 修改　　　　　　B. 插入　　　　　　C. AP元素面板　　　　　　D. CSS样式

2. 在层的属性修改中，Z轴可以调整层的(　　)排列顺序。

A. 垂直　　　　　　B. 水平　　　　　　C. 纵深　　　　　　D. 高低

3. 现在分别有数字图层、字母图层、汉字图层以及图片图层四个图层，如果四个图层出现重叠时，想让汉字图层在最上方，其次是字母图层、图片图层、数字图层，在设置这四个图层的编号时，应该依次是(　　)。

A. 1 2 3 4　　　　　B. 1 3 4 2　　　　C. 2 4 3 1　　　　　　D. 4 3 2 1

二、填空题

1. 被称为网页容器的是_____。

2. 如果层里面的文字太多或者图片太大，导致层不足以全部显示的时候，可在层属性里面的_____进行选择。

三、操作题

使用层的各种功能制作一个品牌宣传的网页。

第6单元　网页方寸间的艺术——表格布局

学习目标

◇　掌握添加表格

◇　掌握设置表格的属性

◇　熟悉在表格中添加文字、图片和动画

◇　了解嵌套表格

教学案例：制作"篮球技巧"网页页面

案例描述和分析

当前，多数大型网站的主页都是用表格进行布局的。表格可以控制文本和图像在页面上出现的位置，表格布局的好坏直接关系到网站的成败。本案例通过对"篮球技巧"网页的制作，深入讲解如何应用表格进行网页布局。利用表格布局"篮球技巧"网页的效果如图6-1所示。

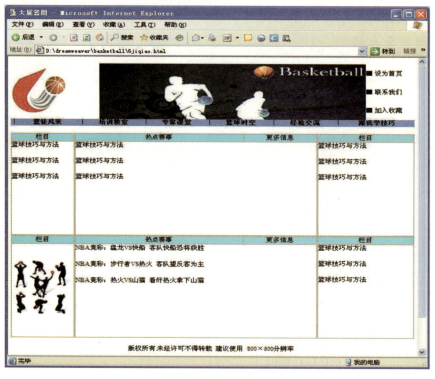

图6-1 "篮球技巧"网页效果图

知识准备

一、表格的基本构成

表格由一行或多行组成，每行由一个或多个单元格组成。虽然HTML代码中通常不明确指定列，但Dreamweaver允许操作列、行和单元格。当选定了表格或表格中有插入点时，Dreamweaver会显示表格宽度和每个表格列的列宽。宽度旁边是表格标题菜单与列标题菜单的箭头。使用菜单可以快速访问一些与表格相关的常用命令，根据需要可以启用或禁用宽度和菜单。

二、表格的创建

使用插入面板或插入菜单来创建新表格。然后，按照在网页中添加文本和图像的方式，向表格中添加文本和图像。

创建表格的操作如下。

（1）在文档窗口的设计视图中，将插入点放在需要表格出现的位置。

① 单击"插入"→"表格"。

② 单击插入面板的"常用"类别中的"表格"按钮 。

弹出"表格"对话框，如图6-2所示。

图6-2 "表格"对话框

（2）设置"表格"对话框的属性，然后单击"确定"创建表格。

行数：确定表格的行数。

列数：确定表格的列数。

表格宽度：以像素为单位或按占浏览器窗口宽度的百分比指定表格的宽度。

边框粗细：指定表格边框的宽度（以像素为单位）。

单元格边距：确定单元格边框与单元格内容之间的像素数。

单元格间距：决定相邻表格单元格之间的像素数。

> **提示**
>
> 　　如果没有明确指定边框粗细或单元格间距和单元格边距的值，则大多数浏览器都按边框粗细和单元格边距设置为1像素、单元格间距设置为2像素来显示表格。若要确保浏览器显示表格时不显示边距和间距，请将"单元格边距"和"单元格间距"设置为0像素。

　　无：对表格不启用列或行标题。

　　左：可以将表格的第一列作为标题列，以便为表格的每一行输入一个标题。

　　顶部：可以将表格的第一行作为标题行，以便为表格的每一列输入一个标题。

　　两者：能够在表格中输入列标题和行标题。

　　标题：提供一个显示在表格外的表格标题。

　　摘要：给出了表格的说明。屏幕阅读器可以读取摘要文本，但文本内容不会显示在用户的浏览器中。

　　三、设置表格属性和单元格

　　可以通过设置表格及表格单元格的属性，或将预先设置的设计应用于表格来更改表格的外观。在设置表格和单元格的属性前，先了解表格格式的优先顺序：单元格格式设置优先于行格式设置，行格式设置又优先于表格格式设置。例如，将单个单元格的背景颜色设置为蓝色，将整个表格的背景颜色设置为黄色，则蓝色单元格不会变为黄色，因为单元格格式设置优先于表格格式设置。

　　1. 设置表格属性

　　选择表格，在属性面板中可以编辑表格，根据需要更改属性，如图6-3所示。

图6-3　表格属性面板

　　表格：在文本框内输入表格的ID。

　　行、列：表格中行和列的数量。

　　宽：表格的宽度，以像素为单位或表示为占浏览器窗口宽度的百分比。

　　填充：表格内部的空间。在文本框内输入一个数字，表示表格边框和单元格之间的距离。

　　对齐：确定表格相对于同一段落中的其他元素（例如文本或图像）的显示位置。

　　"左对齐"指沿其他元素的左侧对齐表格，同一段落中的文本在表格的右侧换行。

"右对齐"指沿其他元素的右侧对齐表格，文本在表格的左侧换行。

"居中对齐"指将表格居中，文本显示在表格的上方或下方。

"默认"指浏览器应该使用其默认对齐方式。

提示

当对齐方式设置为"默认"时，其他内容不显示在表格的旁边。若要使其他内容旁边显示表格，使用"左对齐"或"右对齐"。

边框：指定表格边框的宽度。

类：对表格设置一个CSS。

清除列宽 ⬚、清除行高 ⬚：从表格中删除所有明确指定的列宽或行高。

将表格宽度转换成像素 ⬚：将表格中每列的宽度设置为以像素为单位的当前宽度，同时整个表格的宽度也设置为以像素为单位的当前宽度。

将表格宽度转换成百分比 ⬚：将表格中每列的宽度设置为按占文档窗口宽度百分比表示的当前宽度，同时整个表格的宽度也设置为按占文档窗口宽度百分比表示的当前宽度。

2. 设置单元格、行或列属性

选择单元格、行或列，在属性面板中可以设置以下选项，如图6-4所示。

图6-4　单元格属性面板

水平：指定单元格、行或列的水平对齐方式。可以将内容对齐到单元格的左侧、右侧或居中对齐，也可以指示浏览器使用其默认对齐方式（通常常规定单元格左对齐，标题单元格居中对齐）。

垂直：指定单元格、行或列的垂直对齐方式。可以将内容对齐到单元格的顶端、中间、底部或基线，也可以指示浏览器使用默认的中间对齐方式。

宽、高：所选单元格的宽度和高度，以像素为单位或按整个表格的宽度或高度的百分比指定。

背景颜色：单元格、行或列的背景颜色，可以使用颜色面板选择颜色，也可以在后面的文本框内输入颜色的值，例如红色：#FF0000。

不换行：使单元格内容不换行。如果启用了"不换行"，则键入的数据或将数据粘贴到单元格时单元格会加宽来容纳所有数据。

标题：使单元格成为表格标题单元格。默认情况下，表格标题单元格内的文本为粗体并且居中。

合并单元格▣：将所选单元格、行或列合并为一个单元格，使用跨度。只有当单元格形成矩形或直线时才可以合并单元格。

拆分单元格▦：将一个单元格分成两个或更多个行或列。单击此按钮会弹出"拆分单元格"对话框，如图6-5所示。一次只能拆分一个单元格，如果选择的单元格多于一个，则此按钮将被禁用。

图6-5 "拆分单元格"对话框

> **提示**
>
> 当设置列的属性时，Dreamweaver CS5更改对应于此列中每个单元格的td标签的属性；但当设置行的某些属性时，Dreamweaver CS5将更改tr标签的属性，而不是更改行中每个单元格的td标签的属性。在将同一种格式应用于行中的所有单元格时，将格式应用于tr标签会生成更加简明的HTML代码。

四、嵌套表格的创建

1. 嵌套表格

嵌套表格是在另一个表格的单元格中的表格。可以像对任何其他表格一样对嵌套表格进行格式设置，但是，其宽度受到它所在单元格的宽度的限制。

2. 嵌套表格的创建

（1）单击现有表格中的一个单元格。

（2）选择"插入"→"表格"，弹出"插入表格"对话框。

（3）完成对话框设置，单击"确定"，创建的嵌套表格如图6-6所示。

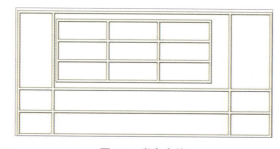

图6-6 嵌套表格

五、选择表格及其元素

1. 选取表格

选择整个表格有下列几种方法：

（1）单击表格的左上角，表格的顶边缘或底边缘的任何位置或者行或列的边框。

（2）单击某个表格单元格，然后在文档窗口左下角的标签选择器中选择\<table\>标签。

（3）单击某个表格单元格，然后选择"修改"→"表格"→"选择表格"。

（4）单击某个表格单元格，选择表格标题菜单（图6-7），然后单击"选择表格"。

| 选择表格(S) |
| 清除所有高度(H) |
| 清除所有宽度(W) |
| 使所有宽度一致(M) |
| 隐藏表格宽度(T) |

图6-7　选择表格标题菜单

2. 选择行或列

在表格操作中，也可以选择单个行或列或者多个行或列。

选择单个行或列或者多个行或列有下列几种方法：

（1）定位鼠标指针使其指向行的左边缘（"➜"位置）或列的上边缘（"↓"位置）。

（2）当鼠标指针变为选择箭头时，单击以选择单个行或列，或进行拖动以选择多个行或列，如图6-8所示。

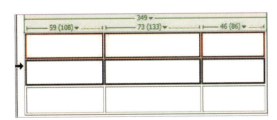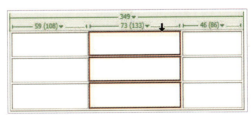

图6-8　选择行或列

（3）选择单个列，单击列标题菜单，然后选择"选择列"，如图6-9所示。

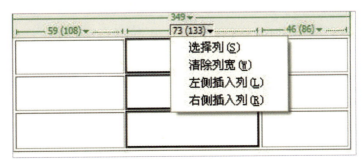

图6-9　列标题菜单

3. 选择单元格

在表格操作过程中，可以选择单个单元格、一行单元格或单元格块或者不相邻的单元格。选择单个单元格有下列几种方法：

（1）单击单元格，然后在文档窗口左下角的标签选择器中选择<td>标签。

（2）按住Ctrl键单击单元格。

（3）单击单元格，然后选择"编辑"→"全选"。

4. 选择一行或矩形单元格块

（1）从一个单元格拖到另一个单元格。

（2）单击一个单元格，在同一个单元格中按住Ctrl键的同时单击以选中单元格，然后按住Shift键单击另一个单元格。这两个单元格定义的直线或矩形区域中的所有单元格都将被选中。

5. 选择不相邻的单元格

按住Ctrl键的同时单击要选择的单元格、行或列。

如果按住Ctrl键单击尚未选中的单元格、行或列，则会将其选中；如果单元格已被选中，则再次单击会将其从选择中去掉。

> **提示**
>
> 选择了一个单元格后再次选择"编辑"→"全选"可以选择整个表格。

六、修改和调整表格

1. 添加行或列

要添加行或列，单击"修改"→"表格"或单击列标题菜单。

> **提示**
>
> 在表格的最后一个单元格中按Tab键会自动在表格中另外添加一行。

（1）添加单个行或列

① 单击"修改"→"表格"→"插入行"或"修改"→"表格"→"插入列"，在插入点的上面插入一行或在插入点的左侧插入一列。

② 单击列标题菜单，单击"左侧插入列"或"右侧插入列"，如下页图6-10所示。

（2）添加多个行或列

选择一个单元格：

① 单击"修改"→"表格"→"插入行或列"，弹出"插入行或列"对话框，如下页图6-11所示。

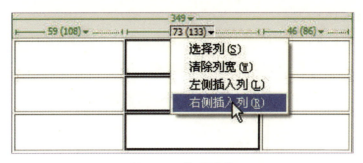

图6-10　列标题菜单

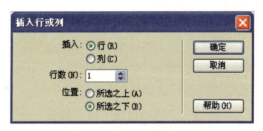

图6-11　"插入行或列"对话框

②　点击"行"或"列"，在当前单元格"所选之上"或"所选之下"插入指定的行数或列数。

③　单击"确定"。

行或列插入到表格中。

（3）删除行或列

①　单击要删除的行或列中的一个单元格，"修改"→"表格"→"删除行"或"删除列"。

②　选择完整的一行或列，单击"编辑"→"清除"或按Delete键。

（4）使用属性面板添加或删除行或列

选择表格，在属性面板中：

①　增加或减少"行数"值以添加或删除行。在表格的底部添加或删除行。

②　增加或减少"列数"值以添加或删除列。在表格的右边添加或删除列。

提示

当删除包含数据的行或列时，Dreamweaver CS5不发出警告信息。

2. 合并和拆分单元格

（1）合并单元格

选择连续行中形状为矩形的单元格，单击"修改"→"表格"→"合并单元格"，或在属性面板中单击"合并单元格"按钮▣。单个单元格的内容放置在最终的合并单元格中。所选的第一个单元格的属性将应用于合并的单元格。

（2）拆分单元格

单击某个单元格，然后单击"修改"→"表格"→"拆分单元格"，或者在属性面板中单击"拆分单元格"按钮，弹出"拆分单元格"对话框，如图6-12所示。

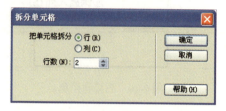

图6-12 "拆分单元格"对话框

把单元格拆分：指定将单元格拆分成行还是列。

行数/列数：指定将单元格拆分成多少行或多少列。

（3）增加或减少单元格所跨的行或列的数目

① 单击"修改"→"表格"→"增加行宽"或"修改"→"表格"→"增加列宽"。

② 单击"修改"→"表格"→"减小行宽"或"修改"→"表格"→"减小列宽"。

3. 复制、粘贴和删除单元格

可以一次复制、粘贴或删除单个表格单元格或多个单元格，并保留单元格的格式设置，也可以在插入点粘贴单元格或通过粘贴替换现有表格中的所选部分。若要粘贴多个表格单元格，剪贴板的内容必须和表格的布局或表格中将粘贴这些单元格的所选部分布局一致。

（1）复制或剪切表格单元格

① 选择连续行中形状为矩形的一个或多个单元格。

② 单击"编辑"→"剪切"或"编辑"→"拷贝"。

（2）粘贴表格单元格

选择要粘贴单元格的位置：

① 若要用正在粘贴的单元格替换现有的单元格，则选择一组与剪贴板上的单元格具有相同布局的现有单元格。例如，剪切了一块3×2的单元格，则可以选择另一块3×2的单元格通过粘贴进行替换。

② 若要在特定的单元格上方粘贴一整行单元格，则单击上方单元格后粘贴。

③ 若要在特定的单元格左侧粘贴一整列单元格，则单击左侧单元格后粘贴。

提示

a. 如果选择了整行或整列，单击"编辑"→"剪切"，则将从表格中删除整行或整列，删除的仅仅是单元格的内容。

b. 如果剪贴板中的单元格不到一整行或一整列，单击某个单元格后粘贴剪贴板中的单元格，则所单击的单元格和与它相邻的单元格可能被粘贴的单元格替换。

④ 若要用粘贴的单元格创建一个新表格，则将插入点放置在表格之外，然后选择"编辑"→"粘贴"。

（3）删除单元格内容

选择一个或多个单元格，单击"编辑"→"清除"或按Delete键。

如果选择"编辑"→"清除"或按Delete键时选择了整行或整列，则将从表格中删除整行或整列，而不仅仅是它们的内容。

（4）删除包含合并单元格的行或列

选择行或列，单击"修改"→"表格"→"删除行"或单击"修改"→"表格"→"删除列"。

4. 调整表格、列或行的大小

表格单元格调整大小比较麻烦，可以清除列宽或行高并重新开始。有时HTML代码中设置的列宽度与它们在屏幕上的外观宽度不匹配，Dreamweaver CS5中可以显示表格与列的宽度和标题菜单，对表格进行布局，可以使宽度一致，也可以根据需要启用或禁用宽度和菜单。

（1）调整表格

调整表格可以通过拖动表格的一个选择柄来调整表格的大小。当选中表格或表格中有插入点时，Dreamweaver CS5将在表格的顶部或底部显示表格宽度和表格标题菜单。当调整整个表格的大小时，表格中的所有单元格按比例更改大小。如果表格的单元格指定了明确的宽度或高度，则调整表格大小将更改文档窗口中单元格的可视大小，但不更改这些单元格的指定宽度和高度，也可以清除设置的宽度和高度。

（2）调整表格大小

选择表格，则表格周围出现控制柄，如图6-13所示。

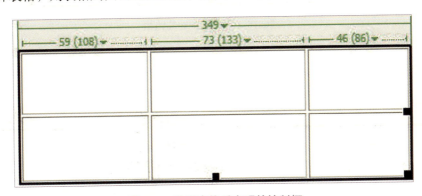

图6-13　选择表格后出现的控制柄

① 若要在水平方向调整表格的宽度，则拖动右侧的选择控制点。

② 若要在垂直方向调整表格的高度，则拖动底部的选择控制点。

③ 若要在两个方向同时调整表格的宽度和高度，则拖动右下角的选择控制点。

（3）调整列或行的大小

可在属性面板中或通过拖动列或行的边框来更改列宽或行高。

① 更改列宽并保持整个表的宽度不变，拖动要更改的列的右边框，相邻列宽更改了，表格的总宽度不改变，如图6-14所示。

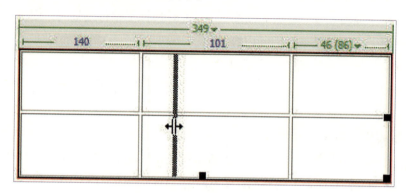

图6-14　列宽改变表宽不变

② 更改某个列宽并保持其他列宽不变，按住Shift键，然后拖动列的边框，表格的总宽度将更改以容纳正在调整的列，如图6-15所示。

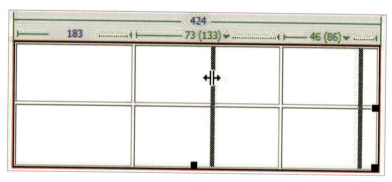

图6-15　列宽改变表宽改变

③ 要使所有单元格宽度一致，单击一个单元格，单击表格标题菜单，选择"使所有宽度一致"，如图6-16所示。

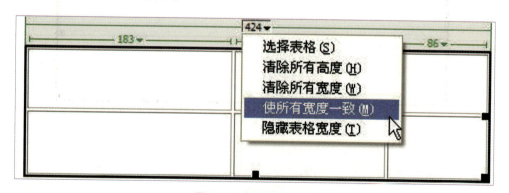

图6-16　表格标题菜单

（4）清除设置的宽度和高度

在调整表格大小前或调整表格的列或行时，要重新开始，可以清除设置的宽度和高度。

提示

　　当拖动其中一个选择控制点来调整表格时，改变表格中的单元格的可视大小，但并没有更改单元格的任何指定的宽度或高度。调整大小前最好清除设置的宽度和高度。

① 选择表格，单击"修改"→"表格"→"清除单元格宽度"或"修改"→"表格"→"清除单元格高度"。

② 在属性面板中，单击"清除行高"按钮或"清除列宽"按钮。

③ 单击表格标题菜单，选择"清除所有高度"或"清除所有宽度"。

5. 使用扩展表格模式编辑表格

扩展表格模式临时向文档中所有表格添加单元格边距和间距，并且增加表格的边框以使编辑操作更加容易。利用扩展表格模式，可以选择表格中的项目或者精确地放置插入点。例如，扩展一个表格以便将插入点放置在图像的左边或右边，从而避免无意中选中图像或表格单元格。

提示

　　一旦做出选择或放置插入点，应回到设计视图的标准模式进行编辑。调整大小等一些可视操作在扩展表格模式中不会产生预期结果。

　　在代码视图中无法切换到扩展表格模式。

（1）单击"查看"→"表格模式"→"扩展表格"，弹出"扩展表格模式入门"对话框，如图6-17所示。

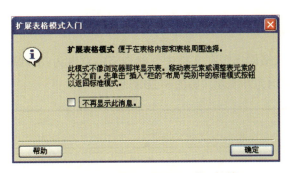

图6-17　"扩展表格模式入门"对话框

（2）单击"确定"，即可切换到扩展表格模式。

（3）在"插入"栏的"布局"类别中单击"扩展表格模式"按钮。

在文档窗口的顶部出现标有"扩展表格模式"的控制条，如图6-18所示。在扩展表格模式下，Dreamweaver CS5可向网页上的所有表格添加单元格边距与间距，并增加表格边框。

图6-18 "扩展表格模式"控制条

案例制作

一、网页页眉布局——插入表格

步骤1：单击"插入"→"表格"创建一个3×3的表格，并将表格的宽度设为760像素，单元格边距和边框粗细为0像素，单元格间距设为0像素，如图6-19所示。

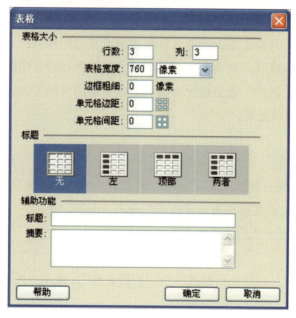

图6-19 "表格"对话框

步骤2：单击"确定"。

一个3行3列的表格即出现在文档中。此表格的宽度为760像素，边框粗细、单元格边距和单元格间距均为0像素，如图6-20所示。

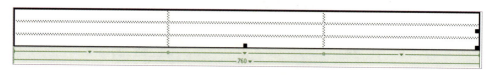

图6-20 3行3列的表格

二、计算并合并单元格

步骤1：表格的第一列为169像素，表格的第二列为499像素。

步骤2：合并第一列和第二列，如图6-21所示。

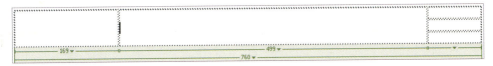

图6-21　合并单元格

三、添加图像及文字

步骤1：在第一列和第二列分别插入logo及banner1图像。

步骤2：第三列分别输入文字，如图6-22所示。

图6-22　网页页眉布局效果图

四、创建导航栏布局

步骤1：单击"插入"→"表格"创建一个2×12的表格，并将表格的宽度设为760像素，单元格边距和边框粗细为0像素，单元格间距设为1像素。

步骤2：在第一行的第一个单元格内输入"｜"，第二个单元格内输入文字。

步骤3：选择第一个单元格和第二个单元格并复制，依次粘贴，并输入相应文字，如图6-23所示。

图6-23　复制并输入单元格内容

步骤4：选择第一行，在单元格属性面板中，设置"水平"：居中对齐；"垂直"：居中。如图6-24所示。

![单元格属性面板]

图6-24　设置文本水平、垂直对齐方式

步骤5：设置第一行的背景颜色为蓝色。

步骤6：保存并预览网页。

五、创建信息栏布局

为了更好地规划网页，通常要借助一些辅助表格来定位网页信息的布局。

步骤1：创建表格。

（1）单击"插入"→"表格"创建一个1×3表格，并将表格的宽度设为760像素，单元格边距和单元格间距为0像素，边框粗细设为1像素。

（2）调整列的宽度，使各列的宽度按1:3:1，使表格对称美观，如图6-25所示。

图6-25　1行3列的表格布局

步骤2：在单元格内嵌套表格。

（1）单击"插入"→"表格"创建一个2×1表格，并将表格的宽度设为100%，单元格边距和单元格间距为0%，边框高设为1%。

（2）导入一个图片作为第一个单元格的背景，设置第二个单元格的高度为200像素，并输入相应文本，如图6-26所示。

栏目	
篮球技巧与方法	
篮球技巧与方法	
篮球技巧与方法	
篮球技巧与方法	
篮球技巧与方法	

图6-26　单元格内嵌套表格

（3）复制第一个单元格内的嵌套表格，分别在第二个单元格、第三个单元格粘贴，如图6-27所示。

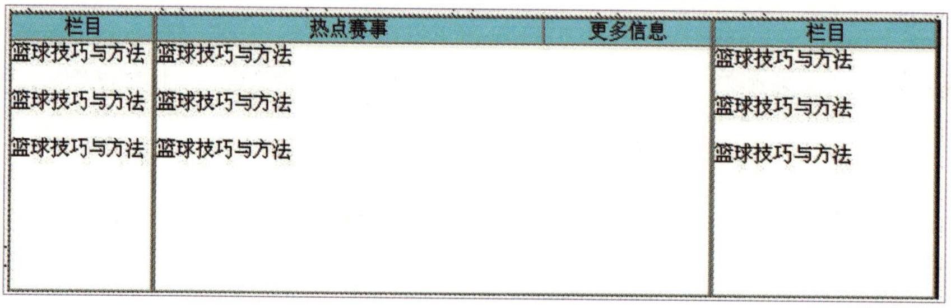

栏目	热点赛事	更多信息	栏目
篮球技巧与方法	篮球技巧与方法		篮球技巧与方法
篮球技巧与方法	篮球技巧与方法		篮球技巧与方法
篮球技巧与方法	篮球技巧与方法		篮球技巧与方法

图6-27　信息栏布局

（4）保存并预览网页效果。

六、网页页脚布局

步骤1：单击"插入"→"表格"创建一个2×1表格，并将表格的宽度设为760像素，单元格边距和单元格间距为0像素，边框粗细设为0像素。

步骤2：在第二行输入文本内容："版权所有 未经许可不得转载 建议使用800×600分辨率"，如下页图6-28所示。

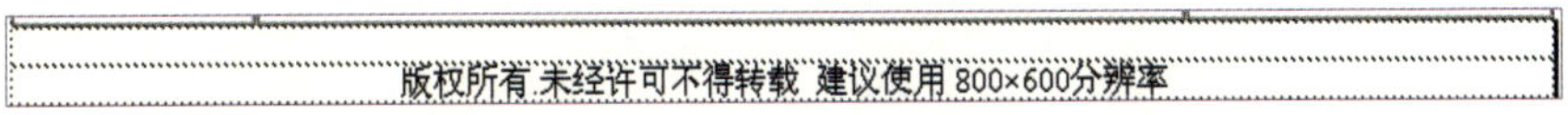

版权所有 未经许可不得转载 建议使用800×600分辨率

图6-28　网页页脚布局

步骤3： 保存并预览网页效果。

举一反三：“开心一笑”案例

创建一个“开心一笑”站点，根据网站的主题，为“开心一笑”网站建立一个网页，并依据效果图建立所需要的网页文件，采用表格布局方式，最后设置index.html为网站的主页面，如图6-29所示。

首 页 | 经典笑话 | 相册 | 日记 | 音乐 | 图片 | 关于我 |
个人资料
千金难买一笑
留言
欢迎光临
版权所有，严禁转载

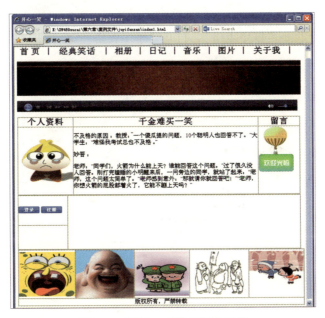

图6-29　“开心一笑”网页效果图

具体操作步骤如下。

步骤1： 利用表格规划“开心一笑”站点中index.html网页的布局。

步骤2： 用Dreamweaver CS5建立“开心一笑”站点，并设置站点里的文件和文件夹。

步骤3： 建立主页面，改名为index.html。

步骤4： 在相应区域输入文本和图像，丰富网页内容。

拓展知识：对表格进行排序

Dreamweaver CS5 允许按列对表格进行排序。

1. 将光标移动到表格内任一单元格内，或选定表格，如图6-30所示。

季度	北京	上海	河南	海南
第一季度	8612	7864	6898	8123
第二季度	8046	8546	7854	8658
第三季度	8658	8957	7045	6342
第四季度	6342	7892	7563	78046

图6-30 选定表格

2. 单击"命令"→"排序表格"，打开"排序表格"对话框，如图6-31所示。

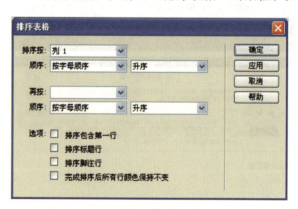

图6-31 "排序表格"对话框

3. 在对话框中进行如下选择。

（1）排序按：起始排序列，按行或按列。

（2）顺序：选择排序方式，在"顺序"选项中选择"按字母排序"或"按数字排序"。
例如，当列的内容是数字的时候这个选项是非常重要的。数字的排序是对列表按照一位和二位这样进行的（如1，10，2，20，3，30），而不是一个整齐的数字序列（如1，2，3，10，20，30）。

（3）选取排列顺序是上升（A to Z），还是下降（Z to A）。

（4）再按：要在不同的列进行次一级的排序，在下拉列表中指定排序选项。

（5）选项。

① 排序包含第一行：选项可以将第一行在排序时包括进去。如果第一行是不能移动的标题行，则不要选这个选项。

② 排序标题行：排序时是否包含标题行。

③ 排序脚注行：排序时是否包含脚注行。

④ 完成排序后所有行颜色保持不变：保持行属性同排序行一致。若选中此项，行属性（例如颜色）将同排序行中单元格中的属性一同变化，否则将不变化。

例如，对图6-30表中的数据排序，选中"完成排序后所有行颜色保持不变"，第三行中背景颜色排序时随同整行数据一同变化，如图6-32所示。

季度	北京	上海	河南	海南
第二季度	8046	8546	7854	8658
第三季度	8658	8957	7045	6342
第四季度	6342	7892	7563	78046
第一季度	8612	7864	6898	8123

图6-32 背景颜色随同数据变化

不选中后排序结果如图6-33所示，第三行中的数据移动了，而背景颜色没有变化。

季度	北京	上海	河南	海南
第二季度	8046	8546	7854	8658
第三季度	8658	8957	7045	6342
第四季度	6342	7892	7563	78046
第一季度	8612	7864	6898	8123

图6-33 背景颜色不随同数据变化

4. 单击"应用"或"确定"按钮，完成表格排序操作。

5. 保存并预览设置效果。

提示

可根据单个列的内容对表格中的行进行排序，也可以根据多于两列的内容进行复杂的表格排序，但不能对包含合并单元格的表格进行排序。

单 元 小 结

本章利用表格案例"篮球技巧"对网页布局。通过本案例主要介绍了表格的基本构成和表格的创建，表格及元素的基本操作，为表格添加内容，修改单元格和单元格（表格）属性的设置。此外还详细介绍了表格及其单元格的复制和粘贴等，同时讲解了在单元格中添加文字、图片和动画的操作过程。虽然表格是一种基本的网页布局技术，但表格也不是没有缺点，它的最大问题在于表格内容的下载比较耗时，而且往往要下载完一个表格后才能显示表格内容。网页过多的嵌套表格，会严重影响网页的下载速度，因此要慎用。

单 元 习 题

一、选择题

1. Dreamweaver CS5 删除当前行的快捷键是（　　　）。

A. Ctrl+Alt+S　　　　B. Ctrl+M　　　　C. Ctrl+Shift+A　　　　D. Ctrl+Shift+M

2. 在 Dreamweaver CS5 中，用来插入表格的按钮是（　　　）。

A. 　　　　　　B. 　　　　　　C. 　　　　　　D.

3. 要选择多个不连续的单元格，应该先按（　　　）键，再单击需要选定的单元格。

A. Ctrl　　　　　　B. Shift　　　　　　C. Alt　　　　　　D. Tab

4. 按（　　　）组合键能快速打开 CSS 样式面板。

A. Ctrl+F11　　　　B. Shift+F10　　　　C. Ctrl+F10　　　　D. Shift+F11

5 "表格"对话框中单元格间距表示（　　　）。

A. 单元格的外框粗细　　　　　　B. 单元格在页面中所占用的空间

C. 单元格之间的距离　　　　　　D. 单元格的大小

二、填空题

1. 当光标在表格的一个单元格中，按_____可以将光标移到下一个单元格中。

2. 选定一个单元格，按住_____键的同时单击另一个单元格，就可以选定连续的单元格。

3. 设置表格属性面板中，按钮表示_____，按钮表示_____。

4. 在表格的单元格内，如果要添加列可以按_____快捷键。

5. 如果需要将 .txt 格式的文本导入到 Dreamweaver CS5 中，则执行_____命令。

三、判断题

1. Dreamweaver CS5中可以设置表格预览时隐藏边框。（　　　）

2. 表格操作中合并前单元格中的内容将放在合并后的单元格里面。（　　　）

3. 单元格内不能继续插入整个表格。（　　　）

4. 粘贴表格时不粘贴表格内容。（　　　）

5. 在网页中，水平方向可以并排多个独立的表格。（　　　）

四、操作题

1. 创建一个3×2表格，并在单元格内输入文本内容，为表格排序。

2. 在页面中制作一个边框为蓝色的细线表格。

3. 使用表格布局制作个人网页。

第7单元

网页巨厦基础——框架设计

学习目标

◇ 掌握框架的创建

◇ 掌握导入框架文件

◇ 掌握保存框架和框架文件

◇ 理解设置框架和框架集属性

◇ 了解编辑框架内容

教学案例：制作美丽养生网页

案例描述和分析

框架是网页设计中比较常用的制作技术，使用框架能将几个不同的HTML文档显示在同一个浏览器窗口中，它多用于电子邮箱和论坛站点，因为这两种网站使用框架网页会更加方便用户操作。它可以方便用户浏览网页，节省网页空间，使网页风格保持统一，但通常不被低版本的浏览器支持，也难以实现不同框架中各元素的精确对齐。

一般情况下，浏览器显示的是由多个框架构成的框架集。如图7-1所示的网页，是由顶部、左部、右部三个框架构成，顶部框架是网站的口号和导航栏，左部框架是关于营养知识的标题，单击左部框架的标题，相关内容会出现在右侧框架中。

图7-1　框架集网页

本章的例子是创建一个利用嵌套框架搭建的网站。如图7-2所示，此网页将一个浏览器窗口分割成三个部分，分别是上、左下、右下三个框架，这种框架称之为嵌套结构框架，也是最复杂的一种框架。一个框架集文件可以包含多个嵌套的框架集。大多数使用框架的Web页实际上都使用嵌套的框架，并且在Dreamweaver CS5中大多数预定义的框架集也使用嵌套。另外，如果在一组框架里，不同行或不同列中有不同数目的框架，也要求使用嵌套的框架。

图7-2　嵌套框架网页

知识准备

一、创建框架集

框架网页包括两个部分：框架集和框架，框架集将整个浏览器版面分割为多个框架，每个框架是单独的一个页面。框架集是多个框架的集合，只有框架页面创建好了，在浏览器中才能正确的显示框架集。有四种方法创建框架集。

方法1　用"修改"菜单创建框架集

步骤1：创建一个空白网页文档，选择"修改"→"框架集"→"拆分左框架"，在网页中插入框架集，如下页图7-3所示。

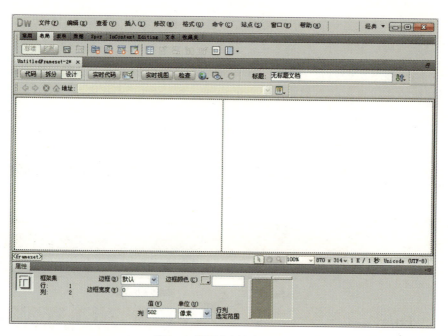

图7-3　网页中插入框架集

　　步骤2：如果要修改框架集，选择"修改"→"框架集"→"拆分上框架"，可以将框架再分为两个框架，如图7-4所示。

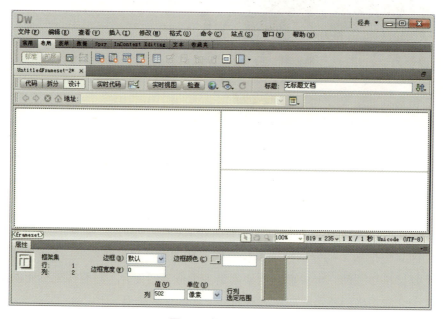

图7-4　修改框架集

　　步骤3：如果要改变框架的尺寸，可以将鼠标指针置于框架与框架之间的边框上，待鼠标指针的形状变成上下（左右）方向的箭头时，按住鼠标左键进行拖动，即可改变相关框架的尺寸，如下页图7-5所示。

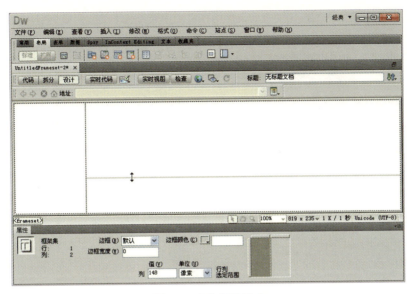

图7-5　改变框架尺寸

步骤4：如果要删除一个框架，可以拖动边框线到窗口外即可。

方法2　插入预定义框架集

选择预定义框架集将会设置创建布局所需的所有框架集和框架，它是迅速创建基于框架的布局的最简单方法。在框架面板中预置了13种最常见的页面框架结构，直接用鼠标在对象面板中单击对应的按钮就可以创建对应的框架结构，可以极大地简化工作流程。

步骤1：创建一个网页文档，选择"插入"→"布局"→"框架"，在子菜单中选择要插入的框架集类型，如图7-6所示。

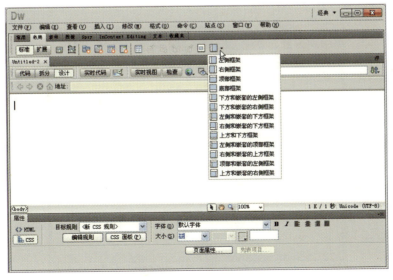

图7-6　选择框架类型

步骤2： 选择要插入的框架类型后，即可在页面中插入选中的框架集类型，如图7-7所示。

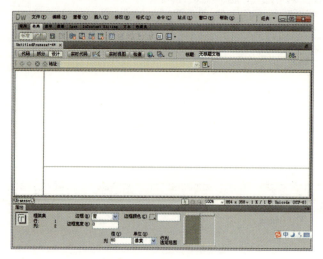

图7-7 创建完成框架集

方法3 通过"可视化助理"创建框架集

通过"可视化助理"自定义创建框架使用户有了很大的自由度，可以任意控制拆分方式以及框架的宽度和高度。在网页没有被拆分的情况下，框架的边缘位于网页编辑窗口的边缘。框架的边框只是在编辑的窗口中显示，边框的宽度、颜色等都可以通过设置框架来实现。

步骤1： 依次单击"查看"→"可视化助理"→"框架边框"，打开框架边框。显示框架边框后，设计视图的四边出现比较粗的框架边框。

步骤2： 移动鼠标指针到上边框，当鼠标指针变为一个双向箭头时，按住鼠标左键向下拖动框架上边框到目标位置，创建一个两栏框架，如图7-8所示。

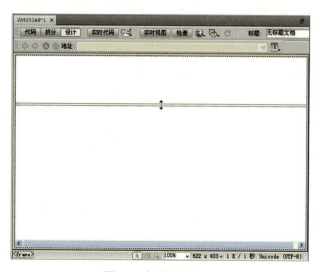

图7-8 创建两栏框架

步骤3：单击"窗口"→"框架"，打开框架面板，用鼠标选取框架面板中下部的框架（框架四周出现虚线）。

步骤4：拖动设计视图中框架的左边框至目标位置，建立嵌套左框架，如图7-9所示。

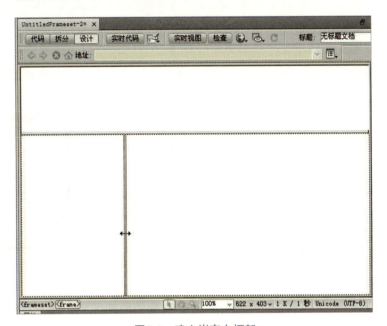

图7-9　建立嵌套左框架

方法4　在"新建"菜单下建立预定义框架文件

执行"文件"→"新建"命令，在弹出的"新建文档"对话框"示例中的页"列表框中选择"框架页"选项，在右侧选择预定义的框架集类型，如图7-10所示。

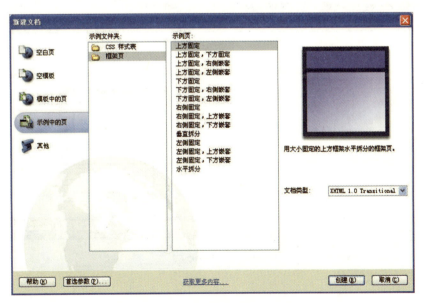

图7-10　建立预定义框架文件

> **提示**
>
> 　　创建嵌套框架集：所谓嵌套框架集是指将一个框架集包含在另一个框架集中，一个框架集文件可以包含多个嵌套的框架集。大多数使用框架的Web页实际上都使用嵌套的框架，并且在Dreamweaver CS5中多数预定义的框架集也使用嵌套。可以在框架集的框架中再插入一个或多个预定义框架，形成一个嵌套框架集；也可以在"修改"→"框架集"里使用拆分的方法形成一个嵌套框架集。

二、选择框架和框架集

要更改框架或框架集的属性，先选择要更改的框架或框架集。

1. 选择框架

要选定框架，可以通过框架面板进行选择，其操作步骤如下。

步骤1：执行"窗口"→"框架"命令，打开框架面板，如图7-11所示。

图7-11　框架面板

步骤2：在框架面板中直接用鼠标单击要选取的框架区域，即可将框架选定。被选定的框架边框周围会出现一个虚线边框，表示此框架被选中，如图7-12所示。

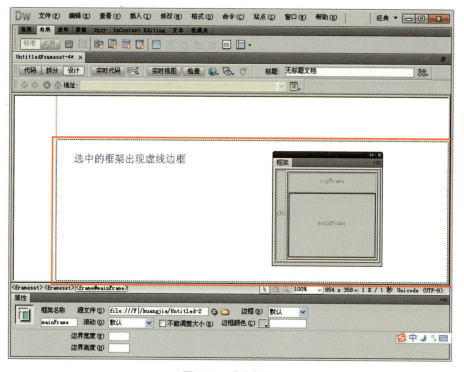

图7-12　选定框架

2. 选择框架集

步骤1：执行"窗口"→"框架"命令，打开框架面板。

步骤2：在框架面板中，用鼠标单击框架面板周围的框架集边框。被选中的框架集边框以粗黑线边框显示，表示文档中对应的框架集被选中，如图7–13所示。

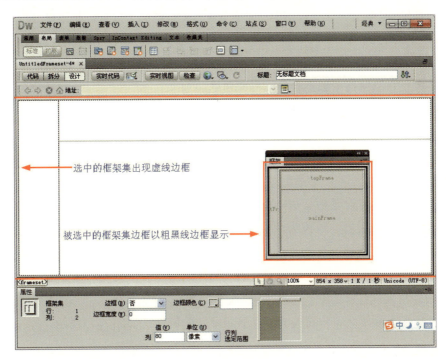

图7-13　选定框架集

步骤3：在文档中可以看到对应的框架集的边框出现虚线边框，表示已经被选中。

三、设置框架集和框架属性

框架属性确定框架集内各个框架的名称、源文件、边距、滚动、边框等，框架集属性还控制框架的大小和框架之间边框的颜色和宽度。每个框架和框架集都有自己的属性检查器，使用属性检查器可以设置大多数框架集的属性（包括框架集标题、边框以及框架大小）。使用属性检查器也可以来查看和设置大多数框架属性，包括边框、边距以及是否在框架中显示滚动条。设置框架属性将覆盖框架集中属性的设置。

1. 设置框架集属性

选择框架集之后，属性面板会显示框架集的属性，如图7–14所示。

图7-14　框架集属性

各选项含义如下。

边框：框架集属性面板中的"边框"下拉列表框用于设置页面被浏览器浏览时是否显示框架边框。如果选择"是"，将显示框架边框；如果选择"否"，将在浏览器中看不到框架边框；如果选择"默认"，将由浏览器决定是否显示框架边框。

边框宽度：框架集属性面板中的"边框宽度"文本框用于设置框架边框宽度，当"边框"的显示方式为"是"时，在"边框宽度"中输入的数值越大，则在浏览器中显示的框架边框越宽；当"边框"的显示方式为"否"时，无论在"边框宽度"中输入的数值为多大，在浏览器中都不会显示框架边框。

边框颜色：用于设置框架边框的颜色，单击█按钮，在弹出的拾色器中选择一种颜色，或者直接在"边框颜色"文本框中输入颜色代码值。设置边框的颜色可以提高网页的美观性，但是当"边框"的显示方式为"否"时或者"边框宽度"为0时，对边框颜色的设置无效。

行、列值：可以设置框架集中框架的大小，单位为"像素"时，将选定行或列的大小设置为一个绝对值。单位为"百分比"时，表示设置选定的行或列的大小相对于其框架集的总宽度或总高度的百分比；单位为"相对"时，将会在以像素为单位、以百分比方式设置大小的框架之后分配空间。

2. 设置框架属性

当选择某个框架之后，属性面板会显示框架的属性，如图7-15所示。

图7-15　框架属性

各选项含义如下。

框架名称：设置当使用链接引用框架时所使用的名称。框架名称不能以数字开头，不允许使用"-"".""."和空格。

源文件：设置当前框架中显示的页面，可以通过使用"指向文件"按钮⊕或者单击文件夹图标，在弹出的"选择HTML文件"对话框中选择所要显示的页面文件，也可直接输入源文件的路径，但不建议使用此方法，因为输入比较麻烦。另外，如果输入的路径不对，则框架中的网页文件不能正常的显示。

边框：设置显示或隐藏当前框架的边框；选择"是"，将显示边框；选择"否"，将隐藏边框；选择"默认"，将由浏览器默认状态决定，大多数浏览器默认显示边框。

滚动：设置页面是否滚动显示，当选择"是"，表示框架页面显示滚动条；选择"否"，表示框架页面不显示滚动条；选择"自动"，指当浏览器窗口中没有足够空间来显示当前框架的完整内容时才显示滚动条；选择"默认"，指滚动条按浏览器的大小自动采用。

不能调整大小：表示让访问者无法通过拖动框架边框在浏览器中调整框架大小。

边框颜色：与框架集中边框颜色的使用方法相同。

边界宽度：设置框架中的内容与框架边框的左边距和右边距，单位为像素。

边界高度：设置框架中的内容与框架边框的上边距和下边距，单位为像素。

> **提示**
>
> 通过框架集属性面板可以设置边框属性和框架大小，但是在框架中设置的属性会覆盖框架集所设置的属性。

四、导入框架文件

1. 导入框架文件

当把框架集和框架的外观设置好后，就可以向框架内插入内容了，在已经创建好的框架中插入页面或在框架中嵌入页面，可以通过以下两种方式实现。

方法1　设置框架源文件

步骤1：在框架面板里选中要设置源文件的框架，如图7-16所示。

图7-16　选定框架

步骤2：选择"窗口"→"属性"菜单选项，打开属性面板，可以看到属性面板变为框架属性面板，如图7-17所示。

图7-17　框架属性

步骤3：属性面板中的源文件文本框用于设置框架中所导入的页面文件，使用"指向文件"按钮 或者单击文件夹图标，在弹出的"选择HTML文件"对话框中选择所要嵌套的页面文件即可，如图7-18所示。

图7-18 "选择HTML文件"对话框

方法2 在框架中嵌入页面

步骤1：将光标置于要嵌入页面的框架中，如图7-19所示。

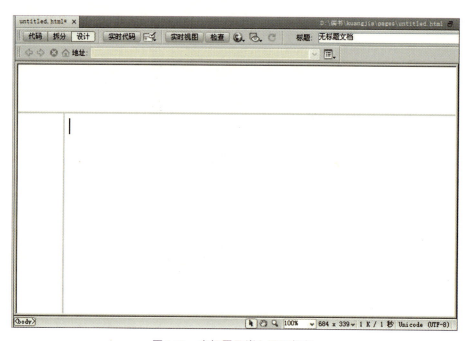

图7-19 光标置于嵌入页面框架

步骤2：选择"文件"→"在框架中打开"菜单选项，将弹出"选择HTML文件"对话框，在对话框中选择所要嵌入的页面文件，如下页图7-20所示，单击"确定"按钮返回，可以看到所选择的页面被加载到框架中。

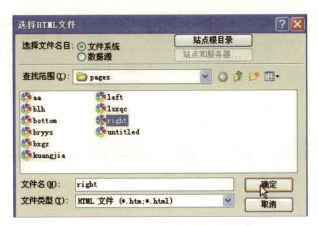

图7-20 选择嵌入页面文件

2. 用不同的方式打开链接页面

这里介绍如何在不同的框架中打开链接页面。

步骤1：选择需要设置链接的文本、图像或者其他对象，如图7-21所示。

图7-21 选择链接对象

步骤2：在属性面板上设置需要链接的页面文件。

步骤3：在目标下拉菜单中，可以看到比没有框架的页面多了三种目标方式：mainFrame、leftFrame和topFrame，这三种方式的名称可以通过框架面板看到，如下页图7-22所示。

如果想让链接的内容在mainFrame中显示，就选择mainFrame，那么被链接的页面将在mainFrame框架中打开，如下页图7-23所示。

图7-22　属性面板

图7-23　链接页面在mainFrame框架中打开

> **提示**
>
> 　　在保存框架集之前，源文件的嵌入路径使用的是绝对路径，如图7-23中显示的，这样的超级链接是十分不可靠的，需要将其转化为相对路径。如果将框架集保存之后，Dreamweaver CS5自动将绝对路径转化为相对路径。

五、保存框架

　　在浏览器中预览框架集之前必须保存框架集文件以及要在框架中显示的所有文档。由于框架集把一个网页分成了多个部分，使用框架集的网页中便包括了多个文件，所以，在保存网页文件时，要选择合适的保存方式。框架、框架集与页面是对应的，整个框架集是一个单独的页面，每个框架也是一个页面，搞清楚这个关系之后，就可以更方便地学习和使用框架制作页面。在Dreamweaver CS5中可以分别保存每个框架集文件和带框架的文档，也可以同时保存框架集文件和框架中出现的所有文档。

1. 保存框架

我们创建框架网页时，可以在设置好框架集和框架的外观后，在各个框架上创建内容而生成框架网页，此外我们还需要将一个框架内的内容保存为一个文件，这样才能使框架网页正常地显示出来，保存框架的步骤如下。

步骤1：在页面编辑器中单击框架，使鼠标闪烁在要保存的框架中。

步骤2：单击"文件"→"框架另存为"，设置好页面的保存路径之后，单击"确定"按钮。

2. 保存框架集

保存框架集的具体操作步骤如下。

步骤1：在框架面板中选定需要保存的框架集。

步骤2：若要将框架集文件另存为新文件，选择"文件"菜单，执行"框架集另存为"命令。需要注意的是，这种保存方式仅仅只保存框架集文件而已，框架内的内容并没有被保存下来。

3. 保存全部

如果要将框架集和框架同时保存，可以选择"文件"菜单，执行"保存全部"命令。这样，Dreamweaver CS5会逐个把框架集和框架保存。假如我们创建了一个顶部和嵌套的左侧框架，使用"保存全部"命令，它的执行步骤如下。

步骤1：先保存框架集。界面中显示的比较粗的黑色虚选择线，就表示当前保存的是框架集。

步骤2：接着保存单个框架。首先保存主框架，也就是名称为mainFrame的框架，选择好保存路径后，单击"确定"按钮。

提示

框架中的页面文件可以是在框架集中新建的，也可以是以前创建好的，这些页面文件可以在浏览器或者页面编辑器中单独打开、单独操作，不受框架的影响。而框架集包含了一些框架文件和框架的大小，运行框架集时，会将嵌套在其中的框架加载进来，受到框架的影响。

案例制作

步骤1：在站点下创建三个页面：top.html（下页图7-24）、left.html（下页图7-25）和right.html（下页图7-26），分别代表上、左和右三个框架页面，再建立jkcf.html（健康厨房，如下页图7-27所示）、yssc.html（饮食食材，如下页图7-28所示）、hjys.html（酒与养生，如151页图7-29所示）和tjsl.html（推荐食疗，如151页图7-30所示）四个子网页作为链接页面。

图7-24　top.html

图7-25　left.html

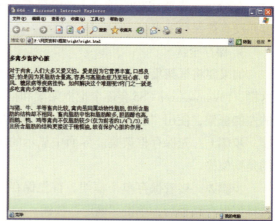

图7-26　right.html

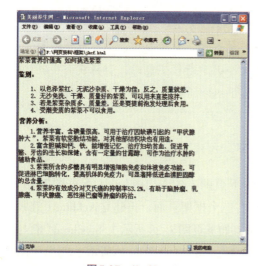

图7-27　jkcf.html

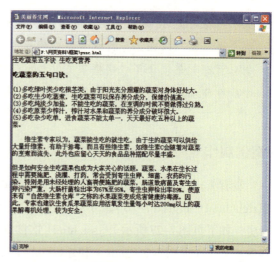

图7-28　yssc.html

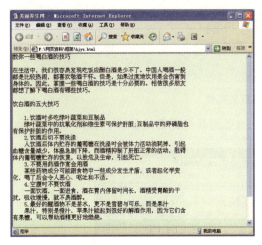

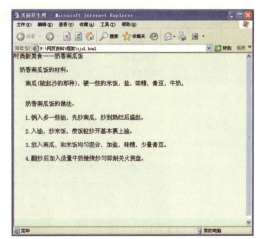

图 7-29 hjys.html   图 7-30 tjsl.html

步骤2：在站点下建立一个名为index.html的页面，并打开此页面，此时的页面为空白页面，我们插入预定义框架集。

步骤3：单击"插入"→"布局"→"顶部和嵌套的左侧框架"，使用默认的名称，在网页中插入框架集，如图7-31所示。

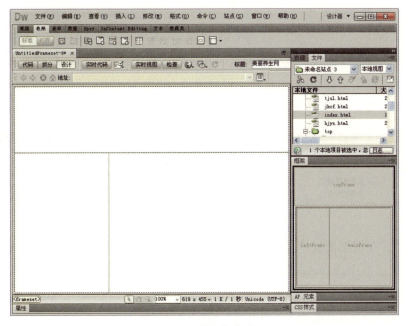

图 7-31 插入框架集

步骤4：在框架面板中选中上框架，在属性面板中"源文件"后单击文件夹图标，在弹出的对话框中选择top.html页面，另外页面的banner不需要滚动条，设置滚动为"否"，制作好的网页肯定不希望浏览者随意调整框架页面的大小，选中"不能调整大小"复选框，并将"边框"设为"否"，如下页图7-32所示。

图7-32　设置框架属性

步骤5：单击"确定"按钮后，上框架中的页面就会正常地显示，如图7-33所示。

图7-33　上框架页面

步骤6：在框架面板中选中左框架，在属性面板中"源文件"后单击文件夹图标，在弹出的对话框中选择left.html页面，设置滚动为"否"，选中"不能调整大小"复选框，并将"边框"设为"否"，如图7-34所示。

图7-34　设置左框架属性

步骤7：在框架面板中选中右框架，在属性面板中"源文件"后单击文件夹图标，在弹出的对话框中选择right.html页面，选中"不能调整大小"复选框，并将"边框"设为"否"。但是右框架的内容可能会很长，设置滚动为"自动"，浏览器会按照右框架的内容的多少来设置是否显示滚动条，如图7-35所示。

图7-35　设置右框架属性

步骤8：选中top.html中的"饮食常识"，链接站点中的right.html子网页，目标设置为mainFrame，使链接的子网页的内容显示在右侧的框架中，只有这样，框架网页才能显示出它真正的功能，如图7-36所示。如此继续，选中top.html中的"健康厨房"，链接站点中的jkcf.html子网页，目标设置为mainFrame，选中top.html中的"饮食食材"，链接站点中的yssc.html子网页，目标设置为mainFrame，选中top.html中的"酒与养生"，链接站点中的hjys.html子网页，目标设置为mainFrame，选中top.html中的"推荐食疗"，链接站点中的tjsl.html子网页，目标设置为mainFrame。

图7-36　设置子页面链接

步骤9：在框架面板中选中总框架集，设置总框架集的属性，在属性面板中将"边框"设为"否"，边框宽度设为0，则在页面中不显示框架集的边框，如图7-37所示。

图7-37　设置框架集属性

步骤10：在框架面板中选中上边的嵌套框架集，设置嵌套框架集的属性，在属性面板中将"边框"设为"否"，边框宽度设为0，则在页面中不显示嵌套框架集的边框。

步骤11：调整框架的大小使页面美观地显示在浏览器中，如图7-38所示。

图7-38　调整框架大小

步骤12：在框架面板中选中框架集，将框架集保存为index.html，如图7-39所示，覆盖以前的网页文件，如图7-40所示，如果不进行这一步的话，网页中的文档将无法正常显示。

图7-39 保存框架集

图7-40 "另存为"对话框

步骤13：预览窗口后，我们可以看到浏览器中的预览效果，如图7-41所示，当按下左边的链接时，在框架集的右边框架会出现相关的内容，如图7-42所示，这样框架才能发挥真正的效用。

图7-41 预览效果

图7-42 框架内容显示效果

举一反三：制作旅游框架网页

制作如图7-43所示效果的框架网页。

图7-43　旅游框架网页效果

具体操作步骤如下。

步骤1：在站点下创建两个页面：left.html和right.html，分别代表左和右两个框架页面，再建立lyjd.html（旅游景点）、jdts.html（景点特色）、tpxs.html（图片欣赏）、lycs.html（旅游常识）四个子网页作为链接页面。

步骤2：使用预定义框架集创建左侧框架。

步骤3：在框架中插入源文件。

步骤4：在左侧网页中建立文本链接，链接的方式为mainFrame。

步骤5：保存框架集和框架。

拓展知识：框架的特点与有效保护

一、框架的优点

1. 在网页中使用框架具有使网页结构清晰、易于维护和更新的优点。

2. 访问者的浏览器不需要为每个页面重新加载与导航相关的图形。

3. 每个框架网页都具有独立的滚动条，访问者可以独立控制各个页面。

二、框架的缺点

1. 某些早期的浏览器不支持框架结构的网页。

2. 下载框架式网页速度慢，不利于内容较多、结构复杂的页面排版。

3. 大多数的搜索引擎都无法识别网页中的框架，或者无法对框架中的内容进行遍历或搜索。

三、避免框架网页被盗用

某些网页设计者有时直接偷窃他人的劳动成果。例如，把别人精心制作的网页，以子页的形式放到自己的框架中。为了尽量避免自己的网页内容被盗用，可在网页源代码 <head></head> 之间加入如下代码：

```
<script language="javascript"><!--
If(self!=top){top.location=self.location;}
--></script>
```

在将上述代码加入之后，即可有效保护自己的网页不被别人放到框架中使用。

单 元 小 结

框架是在同一个浏览窗口中显示多个网页的技术，框架网页是一种特殊的网页。框架将窗口划分为不同的部分，各部分中都有各自的网页，总体构架出一个框架集。此外，通过为超链接指定目标框架，可以在框架之间建立起以内容为媒介的联系，因而实现页面导航的功能。

框架（Frames）技术由框架集（Frameset）和框架（Frame）两部分组成。

框架不是文件，它是浏览器窗口中的一个区域，是存放文档的容器，可以显示与浏览器窗口的其余部分中所显示内容无关的HTML文档。

框架集是HTML文件，它定义一组框架的布局和属性，包括框架的数目、框架的大小和位置以及在每个框架中初始显示的页面的URL。

创建一个框架页面大致需要五个步骤，分别是：创建框架、指定框架页、修改框架样式、保存框架、链接框架，其中链接框架是关键。

单 元 习 题

一、选择题

1. 框架跟表格、图层类似，也属于网页（　　　）的重要元素。

A. 布局　　　　　　B. 美工　　　　C. 链接　　　　D. 文本处理

2. 按下（　　　）键，用鼠标拖曳边框，松开鼠标之后就可以把窗口一分为二，这样就把页面分为两个边框。

A. Ctrl　　　　　　B. Shift　　　　C. Alt　　　　　D. T

3. 下列关于框架的说法不正确的是（　　　）。

A. 按下Alt键单击可以选择一个框架

B. 通过框架面板可以选择单个框架

C. 双击框架的任意处可以选择该框架

D. 单击框架的边框可以选择整个框架页

4. 对于一个有 n 个框架的框架页，是由（　　　）个单独的HTML文档组成的。

A. n　　　　　　　B. $n+1$　　　　C. $n-1$　　　　D. $n+2$

5. 下列不能在层中插入的是（　　　）。

A. 层　　　　　　　B. 框架　　　　C. 表格　　　　D. 各种按钮

二、简答题

简述框架的作用。

三、操作题

1. 创建一个框架结构的网页，然后依次设置和建立与框架相链接的网页，题材不限。

2. 建立下方和嵌套的左侧框架。在左侧框架内输入"文件一""文件二"，并分别设置链接文件为content1.html、content2.html，在mainFrame中打开，最后设置主框架的源文件为content1.html。

网页情感互动机——表单应用设计

学习目标

◇ 理解表单域和表单

◇ 了解各类表单对象

◇ 掌握在表单中插入各类表单对象

教学案例：个人基本资料设置表单的制作

案例描述和分析

　　表单是实现人机交互的动态网页功能，访问者在表单中填入数据，发出查询条件的请求，提交的信息数据就会被发送到相应的 Web 服务器上，经过处理后给出访问者需要的信息。本章将介绍插入表单的方法、如何创建表单对象以及表单实现交互的设置，并以个人基本资料设置表单为例（图8-1），讲解如何制作一个简单的表单界面。

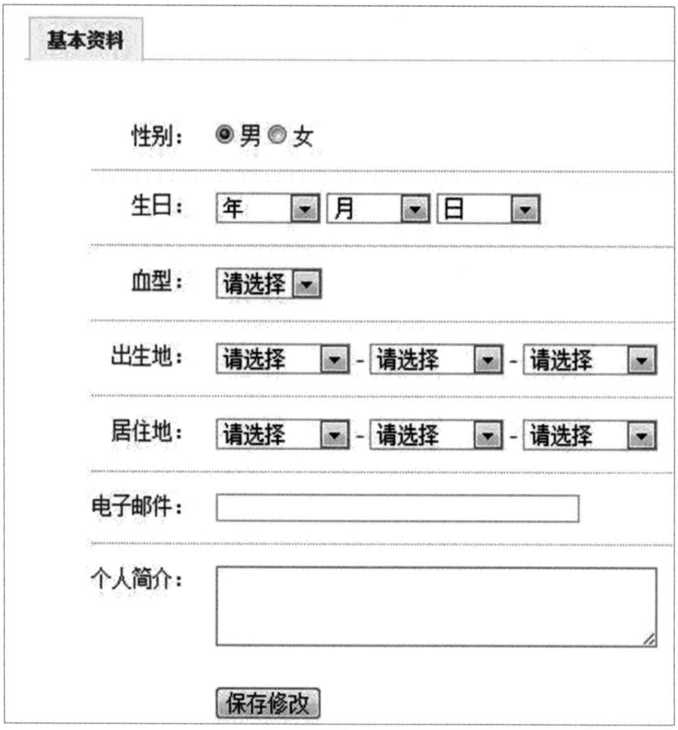

图8-1　个人基本资料设置表单

知识准备

一、表单的作用

　　表单是网站管理者与访问者之间的连接纽带，利用表单可以实现浏览网页的用户与服务器之间的信息交流。用户将填写好的表单信息提交到服务器，交由服务器端的脚本或应用程序（如CGI、JSP、ASP等）处理，并将处理完的信息返回给用户。所以说，有了表单的辅助，访问者就能更好地与网站进行互动。

二、创建表单

使用表单应先在网页上插入表单，一个网页中可以包含一个或多个表单，每个表单可以相互独立也可以相互联系。在网页中创建表单的具体步骤如下。

步骤1：将鼠标定位在要插入表单的位置。

步骤2：执行"插入"→"表单"→"表单"命令，或单击"插入"工具栏上的"表单"中的"表单"按钮。

步骤3：此时会在文档窗口出现一个红色的虚线框，表示插入了一个表单，如图8-2所示。如果没有看到此轮廓线，请检查是否选中了"查看"→"可视化助理"→"不可见元素"。

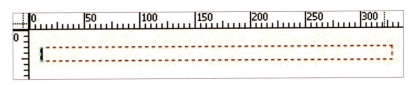

图8-2　插入的表单

三、设置表单属性

在设计视图窗口中，单击选中表单，或者在标签选择器中选择<form#form1>标签（标签选择器位于设计视图窗口的左下角）；另一个方法是在菜单栏中单击"窗口"→"属性"（或按Ctrl+F3组合键），打开如图8-3所示的表单属性面板。

图8-3　表单属性面板

在属性面板的"表单名称"域中，输入一个名称以标识表单（此名称是唯一的）。如果不给表单命名，Dreamweaver CS5会自动向页面中添加的每个表单使用语法form$n$，n的值随表单数依次递增（如form2、form3……）。"动作"域是用来键入指定到处理表单的动态页或脚本的路径。在"方法"下拉菜单中，选择将表单数据传输到服务器的方法。POST：在HTTP请求中嵌入表单数据。GET：将值追加到请求此页的URL中。默认：使用浏览器的默认设置将表单数据发送到服务器。通常，默认方法为GET方法。"MIME类型"下拉菜单可以指定对提交给服务器进行处理的数据使用的MIME编码类型。"目标"下拉菜单指定一个窗口，在窗口中显示调用程序所返回的数据。目标值有以下四种类型。

_blank：在未命名的新窗口中打开目标文档。

_parent：在显示当前文档的窗口中打开目标文档。

_self：在提交表单所使用的窗口中打开目标文档。

_top：在当前窗口的窗体内打开目标文档。此值可用于确保目标文档占用整个窗口，即可使原始文档显示在框架中。

提示

由于使用GET方法传递信息不安全，所以在发送用户名和密码、信用卡号或其他机密信息时，不要使用GET方法。

四、表单对象

在 Dreamweaver CS5 中，表单输入类型称为表单对象。表单的功能主要由各个表单对象来完成。表单对象包括文本字段、文本区域、按钮、复选框、单选按钮、列表/菜单、文件域、图像域、隐藏域、单选按钮组、跳转菜单、字段集和标签。可以通过单击"插入"→"表单"来插入表单对象，或者单击"窗口"→"插入"（或按Ctrl+F2组合键）打开如图8-4所示插入面板的表单选项卡，单击表单选项来访问各种表单对象。

图8-4　表单选项卡

1. 文本域

文本域是一个接受文本信息的空白框，在文本域中几乎可以容纳任何类型的文本数据。在网页中，常见的文本域有以下三种形式。

（1）单行文本域：只能用来输入一行的信息。

（2）多行文本域：可以由设计者限定行数，并决定是否出现滚动条。此文本域可以输入多行信息。

（3）密码文本域：在此文本域中输入的信息，都会以"*"的形式显示在屏幕上。

在表单选项卡中单击"文本字段"，打开"输入标签辅助功能属性"对话框，如图8-5所示。

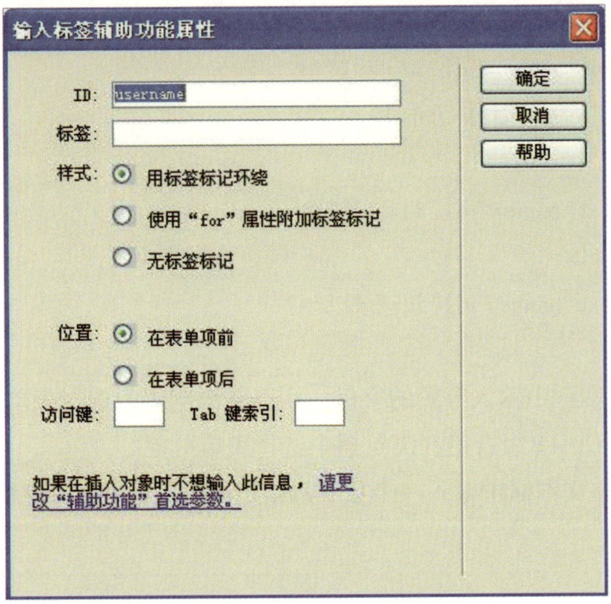

图8-5　"输入标签辅助功能属性"对话框

ID：指定了<input>元素的名称和ID号，名称和ID号是一致的。如输入id1，在代码视图中可以查看源代码：

<input type="text" name="id1" id=" id1" />

标签：表单控件的提示信息。如输入"提示信息"，在代码视图中可以查看源代码：

提示信息

<input type="text" name=" id1" id=" id1" />

样式：说明标签内容的使用方式。分为三种情况：

（1）用标签标记环绕。在代码视图中可以查看源代码：

<label>提示信息

<input type="text" name="id1" id="id1" />

</label>

（2）使用"for"属性附加标签标记。在代码视图中可以查看源代码：

<label for="id1">提示信息 </label>

<input type="text" name=" id1" id="id1" />

（3）无标签标记。在代码视图中可以查看源代码：

提示信息

<input type="text" name="id1" id="id1" />

位置：说明标签内容所处的位置。分为两种情况：

（1）在表单项前。

（2）在表单项后。

在代码视图中可以查看源代码：

<input type="text" name="id1" id="id1" />

<label for="id1">提示信息</label>

<label>

<input type="text" name="id1" id="id1" />

提示信息</label>

<input type="text" name="id1" id="id1" />

提示信息

访问键：在文本框中输入等效的字母，用以在浏览器中选择表单对象。如输入B作为访问键，则使用Ctrl+B组合键在浏览器中选择表单对象。

Tab键索引：在文本框中输入一个数字以指定表单对象的Tab键顺序。

> **提示**
>
> 如果页面上有其他链接和表单对象，并且需要用户用Tab 键以特定顺序通过这些对象时，设置Tab 键顺序就会非常有用。如果为一个对象设置Tab 键，则一定要为使用对象设置Tab 键顺序。

在"输入标签辅助功能属性"对话框中，单击"确定"按钮，文本字段就插入到文档中了，如图8-6所示。

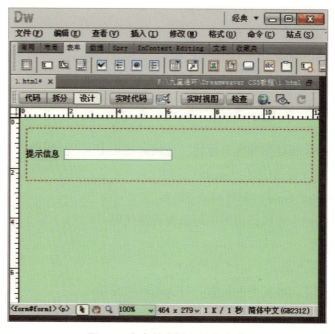

图8-6　在表单中插入的文本域

使用鼠标点击插入的单行文本域或密码域表单控件，如图8-7所示，打开"文本字段"属性面板，如图8-8所示。

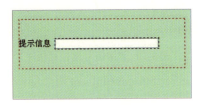

图8-7　选中文本域

图8-8　"文本字段"属性面板

文本域：给文本域命名。每个文本区域必须有一个自己的名称。也就是说，有多个文本区域时，名称不能相同。

字符宽度：设置文本区域可以显示的最大字符数，这个数字须比最多字符数小。最多字符数指定文本区域可以输入的最大字符数。

最多字符数/行数：设置文本区域可以输入的最多字符数或多行文本区域可以输入的最多行数。

类型：指定文本区域为单行、多行或密码域。

> **提示**
>
> 　　将光标定位到表单的红色虚线围成的框内，按Enter键，可以添加多个单行文本域或密码域。

2. 按钮

在表单选项卡中单击"按钮"，打开"输入标签辅助功能属性"对话框，设置完输入标签辅助功能之后，单击"确定"，表单按钮出现在文档中，如图8-9所示。

图8-9　在表单中插入表单按钮

按钮用于执行标准任务，如提交、重新设置表单内容或完成自定义功能，其属性面板如图8-10所示。

图 8-10 "按钮"属性面板

按钮名称：Dreamweaver CS5 有 Submit 和 Reset 两个保留名称。

（1）Submit：指示表单提交表单数据给处理程序或脚本。

（2）Reset：恢复所有表单为各自的初值。

动作：确定按钮被单击时发生什么动作。本属性有三个单选按钮供选择：当选中"提交表单"按钮时，将提交表单数据进行处理，表单数据将被提交到表单的"操作"属性中指定的页面或脚本；当选中"重设表单"按钮时，将清除表单的内容；当选中"无"按钮时，不发生任何动作，即提交和重设动作都不发生。

值：希望在按钮上显示的文本。根据动作的属性不同，显示的文本也不同。"提交表单"的属性值为"提交"；"重设表单"的属性值为"重设"；"无"的属性值为"按钮"。

3. 复选框

在表单选项卡中单击"复选框"按钮，打开"输入标签辅助功能属性"对话框，设置完输入标签辅助功能之后，即可在表单内插入"复选框"，如图 8-11 所示。"复选框"对象用于确认一组选项中的多个选定响应，它能实现在一组选项中选定多个选项，其属性面板如图 8-12 所示。

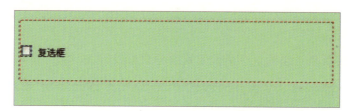

图 8-11 表单内插入"复选框"按钮

图 8-12 "复选框"属性面板

复选框名称：给复选框命名。

选定值：设置确认框被选择时的取值。当用户提交表单时，取值被传送给服务器端应用程序。

初始状态：设置首次载入表单时复选框是"已勾选"还是"未选中"。

提示

　　将光标定位到表单的红色虚线围成的框内，按Enter键，可以添加多个复选框。使用复选框可以对单个选项在打开和关闭之间切换，每个复选框选项都是独立操作的。

4. 单选按钮

　　在表单选项卡中单击"单选"按钮，打开"输入标签辅助功能属性"对话框，设置完输入标签辅助功能之后，即可在表单内插入"单选"按钮，如图8-13所示。

图8-13　表单内插入"单选"按钮

　　"单选"按钮用于确认一组选项中的单个选定响应，单击按钮后，只能在一组选项中选定一个选项，其属性面板如图8-14所示。

图8-14　"单选"按钮属性面板

　　单选按钮：给单选按钮命名。同一组的单选按钮的名称必须相同。

　　选定值：设置单选按钮被选择时的取值。当用户提交表单时，取值被传送给服务器端应用程序（如JavaScript脚本）。应赋值给同组的每个单选按钮不同的值。

　　初始状态：设置首次载入表单时单选按钮是"已勾选"还是"未选中"。一组单选按钮中，只能有一个按钮的初始状态能被设置为选中。

提示

　　如果需要添加其他的单选按钮到组中，可以点击原来的单选按钮，然后按住Ctrl键点击鼠标左键并拖动到新位置，松开鼠标，即可添加一个新的单选按钮，最后为新的单选按钮修改"选定值"文本框中的值。

5. 列表/菜单

　　在表单选项卡中单击"列表/菜单"按钮图标，打开"输入标签辅助功能属性"对话框，设置完输入标签辅助功能之后，即可在表单内插入下拉列表单对象，如下页图

8-15所示。"列表/菜单"用于列出一系列可以选择的值，它可以设成一个弹出菜单，也可以设成一个列表框，其属性面板如图8-16所示。

图8-15　表单内插入下拉列表单对象

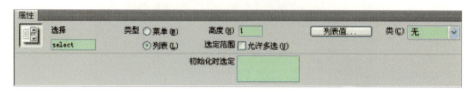

图8-16　属性面板

选择：输入名称。

类型：指定此对象是弹出菜单还是滚动列表。对于列表，可以设置高度，即在不滚动情况下显示出来的选项数。通过勾选"允许多选"复选框，可以设置是否允许用户从列表中选择多项。

高度：指定列表要显示的行数。

选定范围：如果允许在列表中一次选择多个选项，请选择"允许多选"。

列表值：打开"列表值"对话框，如图8-17所示。在此对话框中，可以添加选项到列表或弹出菜单中。列表中的每个选项有一个标签（出现在列表中的文本）和一个值（当选项被选择时传送给处理程序的信息）。

图8-17　"列表值"对话框

6. 文件域

在表单选项卡中单击"文件域"按钮，打开"输入标签辅助功能属性"对话框，设置完输入标签辅助功能之后，即可在表单内插入文件域，如下页图8-18所示。利用表单的文件域可以从本地计算机向服务器上传文件。表单的文件域包括一个文本框和一个"浏览"按钮。在浏览器中单击"浏览"按钮，打开选择文件的对话框，在对话框中选择相应的文件，然后单击表单中的Submit按钮便可将文件发送到服务器上。
文件域属性面板如图8-19所示。

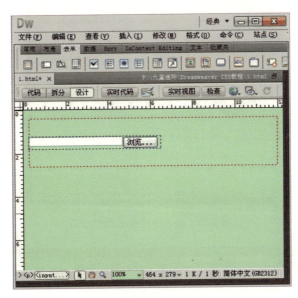

图8-18　在表单中插入文件域

图8-19　文件域属性面板

文件域名称：给文件域命名。本项必须设置，名称必须唯一。

字符宽度：设置文件域可显示的最大字符数，此数字须比"最多字符数"小。

最多字符数：设置文件域可以输入的最大字符数。

7. 图像域

在表单选项卡中单击"图像域"按钮，弹出"选择图像源文件"对话框，选择一个图片文件，单击"确定"按钮。打开"输入标签辅助功能属性"对话框，设置完输入标签辅助功能之后，图像按钮出现在文档中，如下页图8-20所示。图像域是一个比较有用的表单域，其主体是一个图片。在浏览时单击这个图片，表单就会向服务器发送表单中各个表单域的值。图像域可以代替Submit按钮，一个图像域有两个值，分别表示单击图像域时鼠标指针的纵坐标和横坐标，其属性面板如下页图8-21所示。

图像区域：给图像域命名。

源文件：在文本框中输入图像文件的地址，或者单击文件夹图标选择图像文件。

替换：设置图像的说明文字，当鼠标放在图像上时显示说明文字。

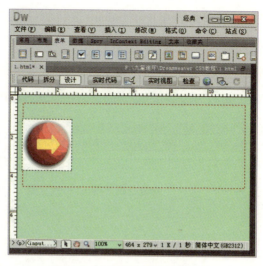

图8-20 在表单中插入图像按钮

图8-21 图像域属性面板

对齐：选择图像在文档中的对齐方式。

编辑图像：启动外部编辑器编辑图像。

8. 隐藏域

在表单选项卡中单击"隐藏域"按钮，隐藏域标志符号出现在文档的设计视图中，如图8-22所示。隐藏域是一种在浏览器上看不到的表单域，也不用对其执行操作，利用隐藏域可以实现浏览器同服务器在后台的信息交换。

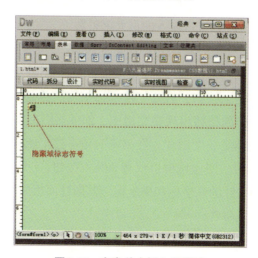

图8-22 在表单中插入隐藏域

单击隐藏域标记符号，出现隐藏域属性面板，如图8-23所示。

图8-23　隐藏域属性面板

隐藏区域：为隐藏域对象输入一个唯一名称。

值：设置隐藏域的初始值。

案例制作

我们来制作一个个人基本资料的设置页面，其中用到了大多数常用的表单控件，非常适合练习本章学到的知识，如图8-24所示。

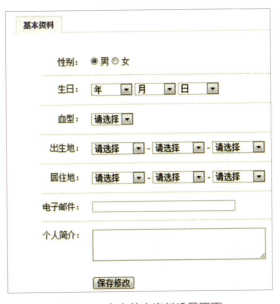

图8-24　个人基本资料设置页面

步骤1：打开Dreamweaver CS5，新建一个页面，保存命名为"个人基本资料信息设置页.html"，将页面标题改为"设置个人基本资料"。然后，先来设置通用样式，打开右侧的CSS样式面板，单击"新建CSS规则"，设置如图8-25所示。

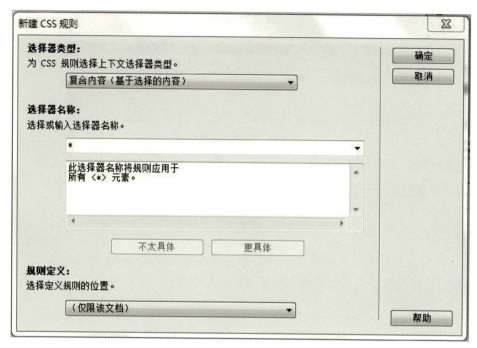

图8-25 "新建CSS规则"对话框

在弹出的CSS规则定义中设置*（所有标签）对应样式，设置填充、间距为0像素，边框0像素，字体大小为100%，纵向对齐为：baseline（底线），文字修饰为无。

步骤2：在body中插入一个form表单（图8-26）。

图8-26 插入表单

步骤3：在form表单中，用table整体布局。插入一个表，作为表单的格式框架，设置表为8行2列（图8-27）。

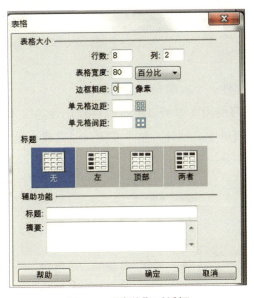

图8-27 "表格"对话框

步骤4：添加表单内性别行（单选按钮）。

第一行是性别行，添加label用来显示文字"性别："，添加单选按钮用来选择"男"或"女"，都是用插入面板即可完成，如图8-28所示。

图8-28 添加单选按钮

步骤5：添加生日、血型、出生地、居住地行（下拉列表）。

这三行主要用于练习使用下拉列表，在插入面板中选择"表单"分页，单击"选择（列表/菜单）"按钮插入下拉列表，然后在下拉列表的属性面板中，单击列表值按钮，在弹出的窗口中输入列表项的标签和值，如图8-29所示。

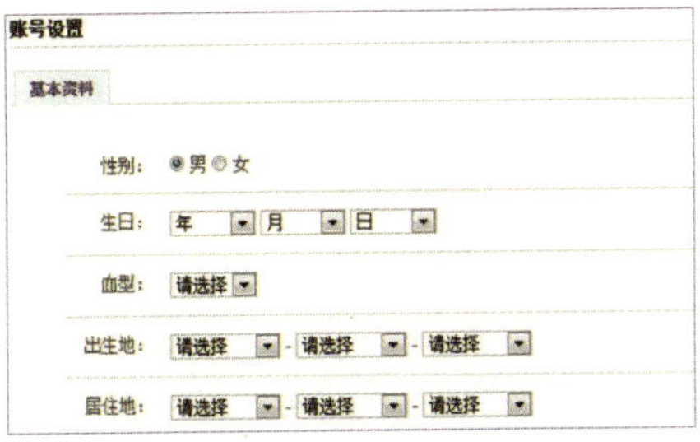

图8-29 添加下拉列表

> **提示**
>
> 　　生日、血型、出生地、居住地的下拉列表中内容是随便加的，只为了说明下拉列表的功能，和实际并不符合。如果想要实现真实可靠的内容，需要挂接 JavaScript 代码，这些内容超出了本书的范围，感兴趣的读者可以自行学习。

步骤6：添加电子邮件、个人简介（文本域）。

下面这两行用来练习使用文本域。电子邮件使用普通文本域，个人简介使用多行文本域，将其分别加入表单中。到此，整个实例已经完成，最终效果如图8-30所示。

图8-30　案例完成效果图

举一反三：制作用户登录表单网页

制作如图8-31所示效果的表单网页：

图8-31　简单登录页

具体操作步骤如下。

步骤1：打开Dreamweaver CS5，新建一个页面，在页面属性面板中设置背景颜色：#CCC，如图8-32所示。

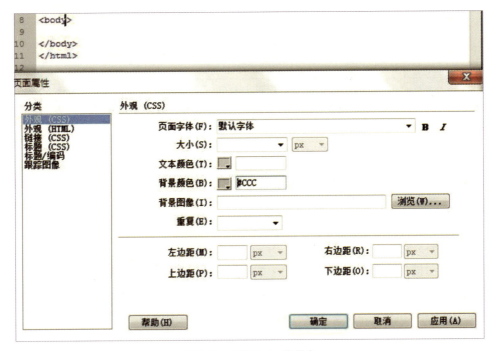

图8-32　设置body背景色

步骤2：在body中，先在插入面板中选择"表单"分页，单击"表单"按钮，并在属性面板中设置"方法"为post。然后在插入面板中，选择插入一个Div，这样可以在页面中生成一个层，用来定位，设置层背景颜色：#9cf，设置文本居中，如图8-33所示。

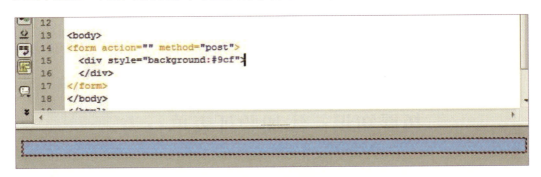

图8-33　添加布局容器

步骤3：将层内自动生成的文字删除，开始添加内容。按照步骤2的方法再插入三个层，id分别设置为username/pwd/button，用来格式化用户名输入区域、密码输入区域和按钮区域。设置它们的样式中margin-top分别为30像素、5像素、30像素。这样可以让层和层间不紧贴，有间距，更美观，如下页图8-34所示。

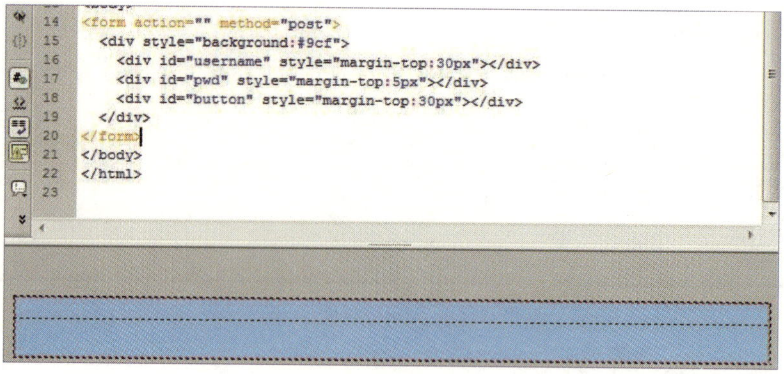

图8-34　添加子层

步骤4：在设置好的层中添加内容。

（1）添加用户名输入区域

在插入面板中选择"表单"分页→"文本字段"，在弹出窗口中设置id：username，标签：用户名。

（2）添加密码输入区域

在插入面板中选择"表单"分页→"文本字段"，在弹出窗口中设置id：pwd，标签：密   码。其中的" "代表空格，这样设置是为了对齐，更美观。然后选中密码输入文本框，在下面的属性区域中，将类型换为"密码"，这样输入的文字将显示为星号或圆点，隐藏用户的输入内容。

（3）添加按钮区域

第一个：在插入面板中选择"表单"分页→"按钮"，在属性中，设置值为"登录"，动作为"提交表单"。

第二个：在插入面板中选择"表单"分页→"按钮"，在属性中，设置值为"取消"，动作为"重置表单"，最终效果如图8-31所示。

拓展知识：添加验证表单行为

如果网站需要收集用户的信息，那么肯定希望用户能按要求认真地填写内容。这时，最简单有效的方法就是利用"检查表单"行为，验证用户在文本输入框中输入的信息是否正确，以避免接收垃圾信息。

下面以一个实例来介绍利用"检查表单"行为来验证表单信息，当用户在文本框中输入的信息不符合规定时，弹出一个对话框提示输入错误。

操作步骤如下。

步骤1：启动Dreamweaver CS5，创建一个新的空白页面。

步骤2：在插入面板的"表单"选项卡中单击"表单"对象，在主文档窗口中插入一个表单域。

步骤3：单击插入面板"常用"选项卡上的"文本域"对象，在表单域中插入一个文本域。可重复添加多个文本域。

步骤4：选择验证方法。

如果要在用户填写表单时分别验证各个文本域，请选择一个文本域。

如果要在用户提交表单时验证多个文本域，请单击文档窗口左下角标签选择器中的<form>标签。如果没有<form>标签，首先在文档的设计窗口中，点击窗口内的红色虚线框，以选择表单，然后再在左下角选择即可。

步骤5：打开行为面板。单击"添加行为（+）"按钮，在弹出的下拉菜单中执行"检查表单"命令，如图8-35所示。

图8-35　"检查表单"命令

步骤6：打开"检查表单"对话框，如图8-36所示。

图8-36　"检查表单"对话框

步骤7：执行下列选择之一。

如果只验证单个域，请从"命名的栏位"列表中选择和在文档窗口中选择的同样名称的域。

如果要验证多个域，请从"命名的栏位"列表中选择某个文本域。

步骤8：如果域必须包含某种数据，则在"值"中选择"必需的"项。

步骤9：在"可接受"项中选择下列选项。

任何东西：检查域中必须包含有数据，但是数据类型不限。

数字：检查域中是否只包含数字字符。

电子邮件地址：检查域中是否包含一个@符号。

数字从…到…：检查域中是否包含指定范围内的数字。在后面的文本框中输入数值。

步骤10：如果需要验证多个域，请在"检查表单"对话框的域中选择另外需要验证的域，然后重复操作步骤8和步骤9。

步骤11：单击"确定"按钮。

如果是在用户提交表单时验证多个域，则onSubmit事件将自动出现在"事件"菜单中。

如果是验证单个域，则要检查默认的事件是否是onBlur或onChange事件。如果不是，请从"事件"下拉菜单中选择onBlur或onChange事件。

> **提示**
>
> onBlur或onChange事件都用于在用户从域中移走时触发"检查表单"行为。区别在于，onBlur事件无论用户是否在域中输入内容都会发生，而onChange事件只在用户改变了域中的内容时才会发生。因此，当指定的域必须要填写内容时最好使用onBlur事件。

单 元 小 结

本单元主要介绍了Dreamweaver CS5的表单以及表单对象的属性，同时还讲解了表单对象的插入方法及验证表单行为的正确性，并用实际的案例向大家演示了表单制作的过程。

1. 表单是Web用户提交信息的工具，其作用是接收浏览者填写的信息（如填写商品订单、登录用户名和密码等），并将其提交给表单处理程序进行处理。

2. 表单中包含若干个与访问者交互的表单对象。如文本字段、隐藏域、文本区域、复选框、单选按钮、单选按钮组、列表/菜单、跳转菜单、图像域、文件域、按钮等。每个表单对象都有其属性。

3. 在表单中可以插入表单域，插入表单域的方法有两种：一是从菜单中插入表单；二是从浮动面板的表单选项卡中插入表单。表单域是一组网页容器，可以包含标准的网页对象，如文本域、图像域、按钮、复选框、单选按钮、列表/菜单、文件域及隐藏域等。

4. 制作完成一个表单后，可以验证表单的有效性。先打开行为面板，单击"添加行为（＋）"按钮，在弹出的下拉菜单中执行"检查表单"命令。

单 元 习 题

一、选择题

1. 表单中的文本域对象有（ ）种类型。

A. 5　　　　　　　　　　　B. 4　　　　　　　　　　C. 3

2. 在Dreamweaver CS5中表单对象有（ ）种。

A. 12　　　　　　　　　　B. 13　　　　　　　　　C. 14

二、填空题

1. 获取生日最好使用_____表单控件。

2. 按钮的分类有_____、_____和_____。

三、简答题

1. 表单的作用是什么？

2. 表单中的按钮有哪几种？各有什么作用？

3. 如何设置单行文本框、多行文本框和密码文本框？

四、操作题

请设计制作一个单选题网页界面。

第9单元　灵动天使——动态网页设计

学习目标

◇　掌握创建网页浮动动画

◇　掌握为网页添加流动字幕

◇　掌握为网页制作特效菜单

◇　了解弹出信息的制作

◇　了解打开浏览器窗口和预载入图像

教学案例一：创建网页浮动动画效果

案例描述和分析

漫游网络之间，因特网不但是信息的海洋，也是广告的海洋。除了普通的GIF、banner、视频和Flash动画外，浮动广告也是时下网上较为流行的广告形式之一。当拖动浏览器的滚动条时，页面上浮动的广告跟随屏幕一起移动。尽管浮动动画对于广告展示有相当的实用价值，但对网页浏览者来说，浮动动画既妨碍阅读的内容，又影响阅读的体验，因此一定不能滥用。恰到好处地运用浮动动画，才能给网页效果添彩。

本案例将在"开心一笑"网页内创建图像的遮帘和缩放效果，如图9-1所示。

图9-1 图像的遮帘和缩放效果

知识准备

可以将行为附加到整个文档（即附加到<body>标签），也可以附加到链接、图像、表单元素和多种其他HTML元素，所选择的目标浏览器将确定对于给定的元素支持哪些事件。

可以为每个事件指定多个动作。动作按照它们在行为面板列中列出的顺序发生，也可以更改它们的顺序。

1. 单击"窗口"→"行为"可以将行为附加到"标签检查器"上，如图9-2所示。

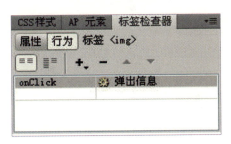

图9-2　行为面板

2. 单击"添加行为"按钮 ，显示特定菜单，如图9-3所示。

图9-3　"添加行为"菜单　　图9-4　"效果"菜单

3. 单击"行为"中的"效果"，选择所要应用的效果，如图9-4所示。

案例制作

一、创建图像遮帘效果

步骤1：在文档窗口中打开要添加浮动动画的网页。

步骤2：单击"布局"→"标准"→"绘制AP Div层"，在网页的右上角绘制层，如下页图9-5所示。

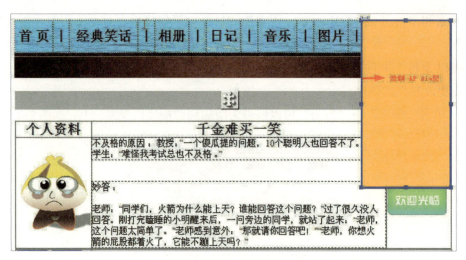

图9-5　绘制AP Div层

步骤3：选择所添加的层，在属性面板插入图像，并将层命名为gg1。

步骤4：单击"行为"→"效果"→"遮帘"，弹出"遮帘"效果对话框，如图9-6所示。

步骤5：在"遮帘"效果对话框中设置层。

（1）目标元素：选择列表中的目标元素。

（2）效果持续时间：指遮帘的速度，数值越大，持续的时间越长。

（3）效果：向上遮帘或向下遮帘。

（4）向上遮帘或向下遮帘是按百分比还是像素。

在此设置"向下遮帘"，由0%~100%。

步骤6：设置完成后，单击"确定"，在行为面板上设置事件为onLoad。

步骤7：在gg1层嵌套子层，调整其形状。

步骤8：选择gg1层，单击"行为"→"效果"→"显示/渐隐"，弹出"显示/渐隐"效果对话框，如图9-7所示。

图9-6　"遮帘"效果对话框

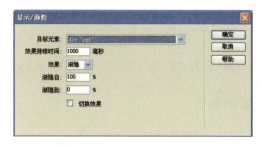

图9-7　"显示/渐隐"对话框

步骤9：设置完成后，单击"确定"，在行为面板上设置事件为onClick，也就是说单击鼠标时，层渐渐隐藏。遮帘效果如图9-8所示。

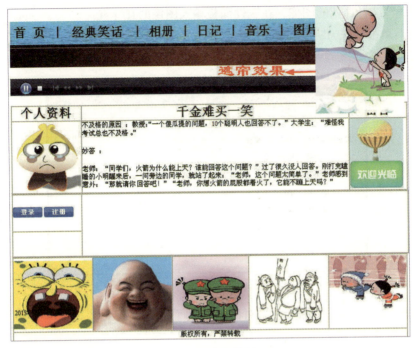

图9-8　遮帘效果

二、创建图像缩放效果

步骤1： 在文档窗口中打开"开心一笑"网页。

步骤2： 在网页中选择插入图像位置，如图9-9所示处插入图像。

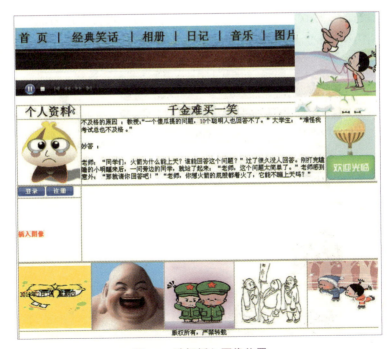

图9-9　选择插入图像位置

步骤3：选择插入的图像，在属性面板输入图像的ID：sf。

步骤4：单击"行为"→"效果"→"增大/收缩"，弹出"增大/收缩"效果对话框，如图9-10所示。

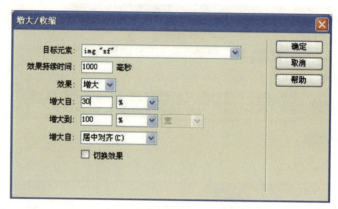

图9-10 "增大/收缩"效果对话框

步骤5：在"增大/收缩"效果对话框中进行设置。

（1）目标元素：img "sf"。

（2）效果持续时间：1000毫秒。

（3）效果：增大。

（4）增大自30%到100%。

（5）增大的方式：居中对齐。

步骤6：设置完成后，单击"确定"，在行为面板上设置事件为onClick，也就是说单击鼠标时，图像由小变大，如图9-11所示。

图9-11 图像由小变大效果图

教学案例二：添加滚动字幕

案例描述和分析

在网站经常看到滚动的日期或状态栏文字，这给静止的网页增添了动的效果，本案例通过<marquee>标签制作滚动日期和向上滚动的通知，如图9-12所示。

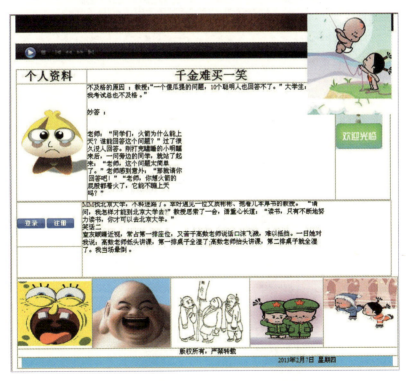

图9-12　滚动字幕网页

知识准备

一、<marquee>标签

1. <marquee>功能。

<marquee>是用来创建一个滚动的文本字幕。

2. 使用"标签选择器"插入<marquee>标签。

（1）把光标插入点放在需要插入滚动字幕的地方。

（2）单击插入面板的"标签选择器" ，弹出"标签选择器"对话框，如图9-13所示。

图9-13 "标签选择器"对话框

（3）选择marquee标签，单击"插入"按钮。

（4）在光标所在位置的代码视图中插入<marquee></marquee>代码。

（5）转换到代码视图中，将光标插入<marquee>标签内。

（6）选择"窗口"→"标签选择器"。然后选择属性，单击未分类前面的"＋"，可以在"标签检查器"中设置标签的各种用法，如图9-14所示。

图9-14 标签<marquee>

二、<marquee>标签的主要功能

1. direction表示滚动的方向，值可以是left、right、up、down，默认为left。

2. behavior表示滚动的方式，值可以是alternate、scroll、slide。

（1）alternate（来回滚动）：内容在相反两个方向滚来滚去。

（2）scroll（连续滚动）：内容向同一个方向滚动。

（3）slide（滑动一次）：内容接触到字幕边框就停止滚动。

3. loop表示字幕循环的次数，值是正整数，默认为无限循环，"–1"也为无限循环。

4. scrollamount表示设置字幕滚动的速度，值是正整数，默认为6。

5. scrolldelay表示停顿时间，值是正整数，默认为0，单位是毫秒。如果要让字幕滚动看起来流畅，数值应该尽量小；如果要有步进的感觉，就设置时间长一点。

6. valign表示元素的垂直对齐方式，值可以是top、middle、bottom，默认为middle。

7. align表示元素的水平对齐方式，值可以是left、center、right，默认为left。

8. bgcolor表示滚动字幕区域的背景色，值是16进制的RGB颜色，默认为白色。

9. height、width表示滚动字幕区域的高度或宽度，值是正整数（单位是像素）或百分数，默认width=100%，height为标签内元素的高度。

10. hspace、vspace表示元素到区域边界的水平距离和垂直距离，值是正整数，单位是像素。

11 onMouseOver=this.stop()事件设置鼠标移动到滚动字幕时的动作，常设置为停止滚动。

12. onMouseOut=this.start()事件设置鼠标离开滚动字幕时的动作，常设置为开始滚动。

13. style属性设置字幕内容的样式。例如设置字幕文字大小为"font:12px;"。

案例制作

一、添加滚动日期

绘制Div层

（1）在文档窗口中打开"开心一笑"网页，将光标放在网页底部单元格，将单元格拆分成两行，如图9-15所示。

图9-15 拆分单元格

（2）把光标放在需要插入滚动日期的地方。

（3）单击"布局"→"标准"→"插入Div标签"，弹出"插入Div标签"对话框，如图9-16所示。

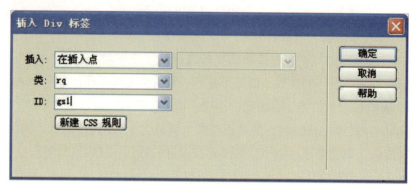

图9-16 "插入Div标签"对话框

（4）设置，插入：在插入点，类：rq，ID：gs1，单击"确定"。

（5）插入日期，如图9-17所示。

图9-17 插入日期后的标签

（6）选择"标签"，单击"行为"→"效果"→"显示/隐藏"，弹出"显示–隐藏元素"效果对话框，如图9-18所示。

图9-18 "显示-隐藏元素"效果对话框

（7）单击插入面板的"标签选择器"，弹出"标签选择器"对话框，如下页图9-19所示。

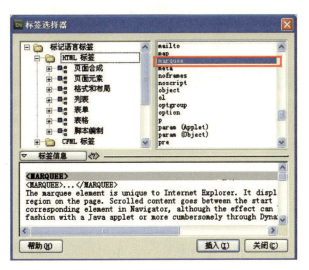

图9-19 "标签选择器"对话框

（8）选择marquee标签，单击"插入"按钮。

（9）在光标所在位置的代码视图中插入 <marquee></marquee>代码。

（10）转换到代码视图中，将光标插入 <marquee>标签，输入下列代码：

align="middle" behavior="scroll" bgcolor="#33CCFF" height="20" width="770" direction="left" style="font:20px;"

（11）保存预览网页效果，如图9-20所示。

图9-20 字幕效果

二、向上滚动文字

插入Div标签

（1）在文档窗口中打开"开心一笑"网页，将光标定于网页中间单元格，如图9-21所示。

图9-21 光标定于网页中间单元格

（2）单击"布局"→"标准"→"插入Div标签"，弹出"插入Div标签"对话框，如图9–22所示。

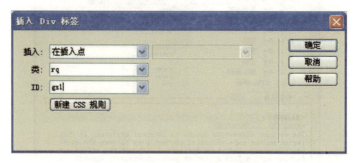

图9-22 "插入Div标签"对话框

（3）定义插入点的类和ID，比如类为text1，ID为uptext，单击"确定"。

（4）在标签内，粘贴文本，如图9–23所示。

图9-23 插入文本后的标签

（5）选择"标签"，单击"行为"→"效果"→"显示/隐藏"，弹出"显示–隐藏元素"效果对话框，如图9–24所示。

图9-24 "显示-隐藏元素"效果对话框

（6）单击插入面板的"标签选择器" 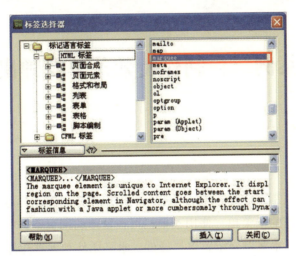，弹出"标签选择器"对话框，如图9-25所示。

图9-25　"标签选择器"对话框

（7）选择marquee标签，单击"插入"按钮。

（8）在光标所在位置的代码视图中插入 <marquee></marquee>代码。

（9）转换到代码视图中，将光标插入<marquee>标签，输入下列代码：

behavior="scroll" direction="up" width="200" height="150" loop="-1" scrollamount="1" scrolldelay="1" style="font:12px;" onMouseOver="this.stop();" onMouseOut="this.start();"

（10）保存预览网页效果，如图9-26所示。

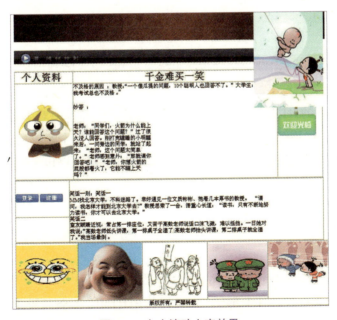

图9-26　向上滚动文字效果

教学案例三：制作特效菜单及弹出信息

案例描述和分析

　　特效菜单在网页制作中是一组可导航式的菜单按钮，当鼠标悬停在其中的某个按钮上时，将显示相应的子菜单。使用菜单栏可在紧凑的网页空间中显示大量可导航信息，而且效果很好。本案例介绍菜单栏插件：水平插件和垂直插件。如图9-27所示的是一个水平菜单栏Widget，其中第二个菜单项处于展开状态。

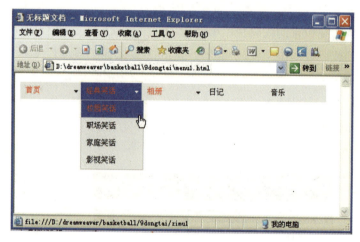

图9-27　特效菜单效果图

　　菜单栏Widget的HTML中包含一个外部ul标签，此标签中对于每个顶级菜单项都包含一个li标签，而顶级菜单项（li标签）又包含用来为每个菜单项定义菜单的ul和li标签，子菜单中同样可以包含子菜单。顶级菜单和子菜单可以包含任意多个子菜单项。

知识准备

　　一、Spry框架

　　1. Spry框架

　　Spry框架是一个JavaScript库，Web设计人员使用它可以构建能够向站点访问者提供更丰富体验的Web页。有了Spry，就可以使用HTML、CSS和极少量的JavaScript将

XML数据合并到HTML文档中，创建Widget（如折叠Widget和Widget菜单栏），向各种页面元素中添加不同种类的效果。在设计上，Spry框架的标记非常简单，且便于那些具有HTML、CSS和JavaScript基础知识的用户使用。Spry框架主要面向专业Web设计人员或高级非专业Web设计人员。它不应当用作企业级Web开发的完整Web应用框架（尽管它可以与其他企业级页面一起使用）。

2. Spry Widget

Spry Widget是一个页面元素，通过启用用户交互来提供更丰富的用户体验。Spry Widget由以下几部分组成。

Widget结构：用来定义Widget结构组成的HTML代码块。

Widget行为：用来控制Widget如何响应用户启动事件的JavaScript。

Widget样式：用来指定Widget外观的CSS。

Spry Widget框架支持一组用标准HTML、CSS和JavaScript编写的可重用Widget，可以方便地插入这些Widget，然后设置Widget的样式。

3. 框架行为

框架行为允许用户执行下列操作的功能：显示隐藏页面上的内容、更改页面的外观、与菜单项交互等。

Spry框架中的每个Widget都与唯一的CSS和JavaScript文件相关联。CSS文件中包含设置Widget样式所需的全部信息，而JavaScript文件则赋予Widget功能。当使用Dreamweaver CS5界面插入Widget时，Dreamweaver CS5会自动将文件链接到页面，以便Widget中包含页面的功能和样式。

与给定的Widget相关联的CSS和JavaScript文件将根据Widget命名，因此很容易判断哪些文件对应于哪些Widget。当保存页面时，Dreamweaver CS5会在站点中创建一个SpryAssets目录，并将相应的JavaScript和CSS文件保存到其中。

二、行为

1. 行为

行为是某个事件和由此事件触发的动作组合。在行为面板中，可以先指定一个动作，然后指定触发此动作的事件，以此将行为添加到页面中。行为是客户端JavaScript代码，即它运行在浏览器中，而不是在服务器上。

2. 行为面板

单击"窗口"→"行为"可以将行为附加到页面元素标签上，如图9-28所示，并可以修改以前所附加行为的参数。已附加到当前所选页面元素的行为显示在行为列表中，并将事件以字母顺序列出。如果针对同一个事件列有多个动作，则会按在列表中出现

图9-28　行为面板

的顺序执行这些动作；如果行为列表中无任何行为，则表示没有行为附加到当前所选的页面元素。

行为面板包含以下选项。

显示设置事件▦：仅显示附加到当前的那些事件。事件被分别划归到客户端或服务器端类别中，每个类别的事件都包含在可折叠的列表中。显示设置事件是默认的视图。

显示所有事件▤：按字母顺序显示属于特定类别的所有事件。

添加行为➕：显示特定菜单，其中包含可以附加到当前选定元素的动作。当从列表中选择一个动作时，将出现一个对话框，可以在此对话框中指定动作的参数。如果菜单上的所有动作都处于灰显状态，则表示选定的元素无法生成任何事件。

删除事件➖：从行为列表中删除所选的事件和动作。

向上箭头、向下箭头：在行为列表中上下移动特定事件的选定动作，且只能更改特定事件的动作顺序。例如，可以更改onLoad事件中发生的几个动作的顺序，但是所有onLoad动作在行为列表中都会放置在一起。对于不能在列表中上下移动的动作，箭头按钮将处于禁用状态。

三、事件

事件是浏览器生成的消息，它指示访问者执行了某种操作，其中包含可以触发动作的所有事件，此菜单仅在选中某个事件时可见（当单击所选事件名称旁边的箭头按钮时显示此菜单）。根据所选对象的不同，显示的事件也有所不同。如果未显示预期的事件，请确保选择了正确的页面元素或标签。如果要选择特定的标签，请使用文档窗口左下角的标签选择器▨。

四、Spry菜单栏

1. 单击"插入"→"Spry"→"Spry菜单栏"，或单击插入面板中的"Spry"类别插入菜单栏▦，如图9-29所示。

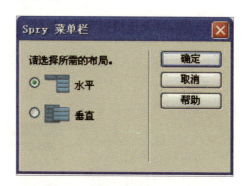

图9-29 "Spry菜单栏"对话框

2. 选择"水平"，并单击"确定"。

3. 创建水平菜单栏，保存并预览，如下页图9-30所示。

图9-30　水平菜单栏

五、属性菜单条面板

在文档窗口中单击"Spry菜单栏",如图9-31所示。

图9-31　"Spry菜单栏"属性

1. 菜单条:定义菜单条的名称。

2. 单击第一列上方的加号按钮,添加主菜单项;单击减号可以删除主菜单项;单击向上箭头或向下箭头可以更改主菜单项的顺序。

3. 单击第二列上方的加号按钮,添加子菜单项;单击减号可以删除子菜单项;单击向上箭头或向下箭头可以更改子菜单项的顺序。

4. 在"文本"文本框中键入文本,可以重命名新菜单项。

5. 在"链接"文本框中键入链接,或者单击文件夹图标以浏览相应文件。

6. 在"标题"文本框中键入提示的文本。

7. 在"目标"文本框中可以输入以下四个属性:_blank、_self、_parent、_top。

> **提示**
>
> 　　要向子菜单中添加子菜单,请选择要向其中添加另一个子菜单项的子菜单项名称,然后在属性面板中单击第三列上方的加号按钮。Dreamweaver CS5在设计视图中仅支持两级子菜单,但在代码视图中可以添加任意多级子菜单。

案例制作

一、特效菜单

步骤1: 在文档窗口中单击"Spry菜单栏",如图9-31所示。

步骤2: 在第一列内分别输入:首页、经典笑话、相册、日记、音乐。

步骤3：选择"经典笑话"，单击第二列上方的加号按钮，添加子菜单项，在文本框内，分别输入：校园笑话、职场笑话、家庭笑话、影视笑话。

步骤4：选择"经典笑话"，然后选择在第二列中的"校园笑话"，在"链接"文本框中键入链接，如图9-32所示。

步骤5：依次对其他子菜单定义链接。

步骤6：在"标题"文本框中键入提示的文本。

图9-32　定义子菜单项的链接

步骤7：保存预览网页，如图9-33所示。

图9-33　保存预览网页

二、制作窗口弹出信息

步骤1：在文档窗口中，单击"窗口"→"行为"可以将行为附加到"标签检查器"上，如下页图9-34所示。

步骤2：单击"添加行为"按钮 ，显示特定菜单，如下页图9-35所示。

图9-34　行为附加到"标签检查器"　　　图9-35　"添加行为"特定菜单

步骤3：单击"行为"→"弹出信息"，在对话框中输入弹出信息，如图9-36所示。

步骤4：单击"确定"保存。预览网页效果如图9-37所示。

图9-36　"弹出信息"对话框

图9-37　"弹出信息"效果图

教学案例四：制作浏览窗口与预先载入图像

案例描述和分析

在浏览网页时，当打开一个新的页面，会出现一个与窗口同样大小的图像，或者一个带有菜单栏的新窗口。在使用含有较多图像的对象时，可以将所用的图片预先下载到浏览器缓存中，以提高显示的速度和效果。

知识准备

一、"打开浏览器窗口"行为

1. 使用"打开浏览器窗口"行为可以在一个新窗口中打开 URL。

2. "打开浏览器窗口"行为。

（1）选择一个页面元素或者对象。

（2）打开行为面板，单击"添加行为"按钮 <kbd>+.</kbd>，在弹出的下拉菜单中选择"打开浏览器窗口"，则弹出"打开浏览器窗口"对话框，如图 9-38 所示。

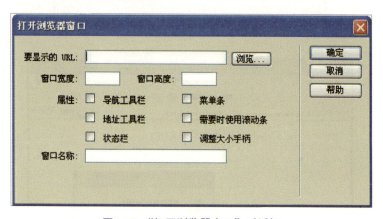

图 9-38 "打开浏览器窗口"对话框

3. "打开浏览器窗口"对话框。

（1）要显示的 URL：输入要显示的 URL，或者单击"浏览"按钮选择要打开的文件。

（2）窗口宽度：指定窗口的宽度，单位是像素。

（3）窗口高度：指定窗口的高度，单位是像素。

（4）导航工具栏：包括前进、后退、主页和刷新等浏览器按钮。

（5）菜单条：包括文件、编辑、查看、转到和帮助等。

（6）地址工具栏：包括地址域的浏览器选项。

（7）需要时使用滚动条：如果内容超过可见区域时滚动条自动出现。

（8）状态栏：浏览器窗口底部的区域，用于显示信息。

（9）调整大小手柄：指定用户是否可以调整窗口大小。

（10）窗口名称：如果要作为链接目标或者用JavaScript控制它，那么应该给新窗口命名。

二、使用"预先载入图像"行为

1. 使用"预先载入图像"行为可以将暂时不在页面上显示的图像加载到浏览器缓存中。在使用含有较多图像的对象时，可以将所用的图片预先下载到浏览器缓存中，以提高显示的速度和效果。

2. "预先载入图像"行为。

（1）选择一个页面元素或者对象。

（2）打开行为面板，单击"添加行为"按钮，在弹出的下拉菜单中执行"预先载入图像"命令，则弹出"预先载入图像"对话框，如图9-39所示。

图9-39　"预先载入图像"对话框

3. 打开"预先载入图像"对话框。

（1）在"图像源文件"文本框中输入图像文件的URL地址，或者单击"浏览"按钮选取要预先加载的图像文件。

（2）单击顶部的"+"按钮，向"预先载入图像"添加一个文件空位。

（3）在"图像源文件"文本框中添加新图像文件的URL地址。

（4）重复单击"+"按钮和"浏览"按钮，可以添加更多的图像文件。

（5）在"预先载入图像"中点击一个图像文件，再单击顶部的"-"按钮，可以删除一个图像文件。

4. 单击"确定"按钮。

> **提示**
>
> 　　如果在"交换图像"对话框中选取了预先载入图像选项，交换图像动作将自动预先加载高亮图像，因此当使用"交换图像"时不再需要手动添加"预先载入图像"。

案例制作

一、制作打开浏览器窗口

步骤1：启动 Dreamweaver CS5，在菜单栏中，选择"文件"→"打开"菜单项，打开 menu1.html 文件。

步骤2：在菜单栏中，选择"窗口"→"行为"菜单项，打开行为面板，在行为面板中单击"添加行为"按钮 ➕。

步骤3：在弹出的快捷菜单中，选择"打开浏览器窗口"选项，弹出"打开浏览器窗口"对话框，如图9-40所示。

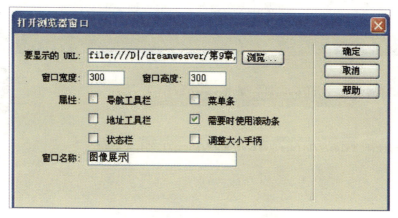

图9-40　"打开浏览器窗口"对话框

步骤4：在"打开浏览器窗口"对话框中，在"要显示的URL"文本框后面单击"浏览"按钮，弹出"选择文件"对话框，选择要使用的文件。设置宽度和高度的数值为300，选中"需要时使用滚动条"复选框，单击"确定"按钮。

步骤5：选择"文件"→"保存"菜单项，保存页面。

步骤6：单击在工具栏中的"在浏览器中预览"按钮，即可在浏览器中预览页面效果，如下页图9-41所示。

图9-41　页面预览效果

二、预先载入图像

步骤1：启动 Dreamweaver CS5，在菜单栏中，选择"文件"→"打开"菜单项，打开 menu1.html 文件。

步骤2：在菜单栏中，选择"窗口"→"行为"菜单项，打开行为面板，在行为面板中单击"添加行为"按钮 ![+]。

步骤3：在弹出的快捷菜单中，选择"预先载入图像"选项，弹出"预先载入图像"对话框，如图9-42所示。

图9-42　"预先载入图像"对话框

步骤4：在"预先载入图像"对话框中，在"图像源文件"文本框后面单击"浏览"按钮，弹出"选择文件"对话框，选择要使用的文件，例如"file:///D\/dreamweaver/第9章/sucai/13903.jpg"。

步骤5：重复单击"+"按钮和"浏览"按钮，添加三幅图像文件。

步骤6：单击"确定"按钮，"预先载入图像"行为添加成功。

步骤7：单击"文件"→"保存"菜单项保存页面。

步骤8：按F12即可在浏览器中预览页面效果，如下页图9-43所示。

图9-43　页面预览效果

举一反三：为班级网页添加滚动通知

经常见到一些网站的网页上有上下滚动或者左右滚动的文字，本案例将制作滚动的文字通知。

1. 要求通知自左向右不间地断滚动。

2. 给班级网页添加"提醒消息"。

具体操作步骤如下。

（1）添加滚动通知。

步骤1：在班级网页上插入Div标签。

步骤2：定义标签的ID和类，并选择Div插入的位置。

步骤3：在标签内输入通知内容。

步骤4：为行为标签添加"显示/隐藏"效果。

步骤5：插入<marquee></marquee>标签。

步骤6：在代码视图中，将光标插入<marquee>标签内，输入下列代码：

behavior="scroll" direction="left" width="1024" height="25" loop="-1" scrollamount="8" scrolldelay="1" style="font:18px;"

（2）弹出网页"提醒消息"。

步骤1：单击"行为"标签上的"添加行为"按钮，选择"弹出信息"。

步骤2：在"弹出信息"对话框中输入弹出的内容。

拓展知识：Dreamweaver CS5中的常用事件

一、浏览器事件

1. onLoad（装入一个文档）：当浏览器完成装入一个窗口或一个帧集合中所有的帧时，引发事件。

onUnload（退出一个文档）：当Web页面退出时引发事件。

2. onSubmit（提交一个表单对象）：在完成信息输入，准备将信息提交给服务器处理时引发事件。

onReset（重置一个表单对象）：当一个表单对象被提交以及被重置时，引发事件。

二、鼠标事件

1. onMouseDown（按下鼠标）：当按下鼠标上一个键时，引发事件。

2. onMouseMove（鼠标移动）：鼠标移动的时候引发事件。

3. onMouseOver（鼠标悬停）：鼠标悬停在一个界面对象时引发事件。

4. onMouseOut（鼠标滑出界面对象）：当鼠标滑出一个界面对象时，引发事件。

5. onMouseUp（释放鼠标上一个键）：释放鼠标上一个键时引发事件。

6. onClick（单击一个对象）：当用户单击鼠标按钮时，引发事件。

7. onFocus（获得焦点）：当表单对象中的文本输入框对象、文本输入区对象或者选择框对象获得焦点时，引发事件。可通过用鼠标单击或用键盘的Tab键使一个对象得到焦点。

8. onBlur（失去焦点）：当表单对象中的文本输入框对象、文本输入区对象或者选择框对象不再拥有焦点时，引发事件。

三、其他事件

1. onChange（改变事件）：当利用文本框或多行文本框输入字符值改变时引发事件，同时当在列表项中一个选项状态改变后也会引发事件。

2. onSelect（选中事件）：当文本框或多行文本框对象中的文字被加亮后，引发事件。

单 元 小 结

本章通过案例创建网页浮动动画、滚动字幕、弹出信息、打开浏览器窗口和预载入图像等，重点讲解了行为及行为的应用、事件及动作以及 Dreamweaver CS5 中常用的事件。通过案例网页添加滚动字幕，详细介绍了标签 <marquee> 参数的主要功能和一些常用的标签；通过案例网页制作特效菜单，讲解 Spry 框架及框架行为的功能及 Spry Widget。在多个案例的制作过程中，对行为面板的各项参数做了详细地讲解，并对常用的几个功能通过案例来体验其动态的效果。

单 元 习 题

一、选择题

1. 在 Dreamweaver CS5 中，打开行为面板的快捷键是（　　　）。

A. F7 　　　　　　　B. Shift+F3 　　　　　　C. F9 　　　　　　　　D. Ctrl+F3

2. 在 Dreamweaver CS5 中，我们可以为链接设立目标，表示在新窗口打开网页的是（　　　）。

A. _blank 　　　　　B. _parent 　　　　　　C. _self 　　　　　　D. _top

3. 以下几个事件中代表"鼠标悬停"的事件是（　　　）。

A. onMouseOver 　　B. onClick 　　　　　C. onMouseOut 　　　D. onFocus

4. 下列操作中无法在"打开浏览器"对话框中设置的是（　　　）。

A. 导航工具栏 　　　B. 菜单条 　　　　　　C. 需要时使用滚动条 　D. 标题栏

5. 在使用"显示/渐隐"行为时，要确保行为面板中的事件为（　　　）。

A. onLoad 　　　　　B. onClick 　　　　　C. onMouseOver 　　　D. onBlur

6. 使用行为时，制作鼠标单击时触发事件，一般会将事件设为（　　　）。

A. onMouseOver 　　B. onClick 　　　　　C. onError 　　　　　D. onDataAvailable

二、填空题

1. 在Dreamweaver CS5中使用的第三方插件可以分为_____、_____、_____三种类型。

2. 行为是_____JavaScript代码。

3. Spry Widget由_____、_____和_____三部分组成。

三、判断题

1. 利用跳转菜单可以使用很小的网页空间来做更多的链接。(   )

2. 在设置跳转菜单属性时,可以调整各链接的顺序。(   )

3. Dreamweaver CS5在设计视图中支持任意级子菜单。(   )

4. <marquee>的功能是创建一个滚动的文本字幕。(   )

5. 事件发生是在动作发生之后。(   )

6. 使用"交换图像"时不再需要手动添加"预先载入图像"。(   )

四、操作题

1. 创建网页打开时的消息"提醒框"。

当网页打开时"提醒框"出现在网页的右下角,可以用鼠标拖动它,单击"提醒框"右上角的"关闭"按钮时,"提醒框"隐藏。

2. 在网页内插入一幅图像,当鼠标单击时,图像出现晃动效果。

第10单元　网页制作效率利刃——模板和库、超级链接设计应用

学习目标

◇ 掌握创建模板和库文件

◇ 掌握编辑模板

◇ 掌握应用模板和库文件

◇ 掌握文字和图片超级链接

◇ 了解各类超级链接

教学案例：制作模板型鲜花网站

案例描述和分析

在建设一个大规模的网站时，通常需要制作很多的页面，而且还要保证这些页面的风格统一。为了提高网站建设与更新的效率，避免重复操作，就要用到Dreamweaver CS5中的模板。本章就来学习如何创建和使用模板。

如图10-1所示是一个网页的模板实例，网页中的可编辑区域用蓝色边框标识。只需要修改可编辑区域的内容，就可以制作出一系列风格统一的网页，这就是模板的好处。

图10-1　模板

总的来说，Dreamweaver CS5中的模板有以下优点：

1. 提高设计者的工作效率。

2. 更新站点时，使用相同模板的网页文件可同时更新。

3. 模板与基于模板的网页文件之间保持连接状态，对于相同的内容可保证完全一致。

知识准备

一、模板和库的作用

模板的最大作用就是用来创建有统一风格的网页，省去了重复操作的麻烦，提高工作效率。模板是一种特殊类型的文档，文件扩展名为.dwt。在设计网页时，可以将网页的公共部分放到模板中。在更新公共部分时，只需要更改模板，所有应用模板的页面都会随之改变。在模板中可以创建可编辑区域，应用模板的页面只能对可编辑区域内的部分进行编辑，而可编辑区域外的部分只能在模板中编辑。一般来说，不可编辑区域的内容是不可以改变的，通常为标题栏、网页图标、框架结构、链接文字和导航栏等；可编辑区域的内容可以改变，通常为具体的文字和图像内容，如每日新闻、最新软件介绍、趣谈等。

库是一种特殊的Dreamweaver CS5文件，可以用来存放诸如文本、图像等网页元素，这些元素通常被广泛用于整个站点，并且经常被重复使用或更新。

Dreamweaver CS5允许把网站中需要重复使用或需要经常更新的页面元素（如图像、文本或其他对象）存入库中，存入库中的元素称为"库项目"。可以将文档中的任意内容存储为库项目，使它在其他地方被重复使用，也可以将文档body部分中的任意元素创建库项目，这些元素包括文本、表格、表单、JavaApplets、插件、ActiveX元素、导航条和图像。

二、库的创建

执行"窗口"→"资源"命令，显示资源面板，单击面板左侧的"库"按钮，显示库类别。然后，将元素拖到库类别中，即可创建一个新的库项目。为新的库项目输入所需名称后按Enter键即可，如图10-2所示。

库项目保存在站点本地根文件夹的Library文件夹中（图10-3）。每个库项目都保存为一个单独的文件，文件扩展名为.lbi。

图10-2　新建库项目

图10-3　库项目的保存文件

库面板中各个按钮的功能如下。

插入：在库面板中选择一个库文件，单击此按钮，即可把库文件插入到当前打开的文件。

刷新站点列表按钮 ：单击此按钮，当库文件更改时，可以更新站点内应用该库文件的文件。

新建库按钮 ：单击它，通过设置，可以创建一个新的库文件。

编辑库文件图标按钮 ：在库文件列表中选择一个文件，单击此按钮，可以对选中的库文件进行编辑操作。

删除库文件按钮 ：如果要删除库面板中的一个库文件，选中文件，单击此按钮进行删除。

三、创建模板

模板的制作与普通网页的制作相同，是用来制作网页的公共部分。这些部分一般在网页的四周，而把中间留给每页的具体内容。设计者可以根据需要，直接创建空白的模板，也可以将已有文档转换为模板。为了便于管理，最好将创建的模板存放在站点根目录下的Templates文件夹中，模板必须保存在站点中。因此，在创建模板前应先创建站点，否则创建模板时系统会提示创建站点。

方法1　将HTML页面转化为模板

可以基于现有文档创建模板，将HTML页面转化为模板的具体操作步骤如下。

步骤1：在Dreamweaver CS5的主窗口中打开要另存为模板的HTML文档，如图10-4所示。

图10-4　打开要另存为模板的HTML文档

图10-5　"另存模板"对话框

步骤2：选择"文件"→"另存为模板"菜单项或在"插入"栏的"常用"类别中单击"模板"按钮，从弹出的菜单中选择"创建模板"，可打开"另存模板"对话框，如图10-5所示。

步骤3：在"站点"下拉列表框中选择一个用来保存模板的站点，在"另存为"文本框中为模板输入一个唯一的名称。为了以后维护方便，还需要在"描述"文本框中加入适当的描述。

步骤4：单击"保存"按钮，把HTML文档转化为模板并进行保存。Dreamweaver CS5模板文件以文件扩展名.dwt保存在站点的本地根文件夹的Templates文件夹中，如果Templates文件夹在站点中尚不存在，则Dreamweaver CS5将在保存新建模板时自动创建文件夹。

方法2　创建模板

除基于现有文档来创建模板之外，在Dreamweaver CS5中还可以通过使用资源面板来创建模板。

使用资源面板的具体操作步骤如下。

步骤1：在Dreamweaver CS5主窗口的资源面板中，单击面板左侧的"模板"按钮，如图10-6所示。

步骤2：单击资源面板底部的"新建模板"按钮，在"名称"列表中将会出现一个新的文档，而此文档的名称处于可编辑状态，如图10-7所示。

图10-6　"模板"按钮　　　图10-7　"名称"列表

步骤3：在模板仍处于选定状态时输入模板的名称，若要编辑某个模板文件，则双击模板文件或单击资源面板右下角的"编辑"按钮，打开模板文件。

> **提示**
>
> 模板文件保存在Templates文件夹中，文件扩展名为.dwt。
>
> 模板不能移动到Templates文件夹之外，也不能将非模板文件放于Templates文件夹中。

四、创建可编辑区域

模板包括两个区域类型：可编辑区域、不可编辑区域（锁定区域）。可编辑区域是模板中的一个特殊的区域，通过模板创建的网页在区域中可以进行添加、修改和删除等操作。要使模板生效，其中至少还要创建一个可编辑区域，否则基于模板的页面是不可编辑的。

在设计模板时，设计者可以决定模板中的哪些部分是可编辑的，哪些部分是不可编辑的，这就要通过创建可编辑区域来实现上述功能。

1. 创建可编辑区域

具体操作步骤如下。

步骤1:在Dreamweaver CS5的主窗口中，将插入点放在想要插入可编辑区域的地方。

步骤2:执行"插入"→"模板对象"→"可编辑区域"命令，弹出"新建可编辑区域"对话框。在"名称"文本框中输入可编辑区域的名称，如图10-8所示。

步骤3:输入完毕后单击"确定"按钮，可实现新建一个可编辑区域，如图10-9所示。

图10-8 "新建可编辑区域"对话框

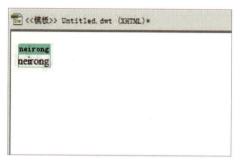

图10-9 新建可编辑区域

> **提示**
>
> 可编辑区域在模板中由高亮显示的矩形边框围绕，矩形边框使用在首选参数中设置的高亮颜色。区域左上角的选项卡显示区域的名称。如果在文档中插入空白的可编辑区域，则区域的名称会出现在区域内部。

2. 重命名和删除可编辑区域

如果已经将模板文件的某个区域标记为可编辑区域，现在想要重新锁定区域，使其在基于模板的文档中不可编辑，则可使用"删除模板标记"命令。

重命名和删除可编辑区域的具体操作步骤如下。

步骤1:在Dreamweaver CS5主窗口中单击可编辑区域左上角的标签以选中它。

步骤2:选择"修改"→"模板"→"删除模板标记"菜单项，或用鼠标右键单击可编辑区域，选择"模板"→"删除模板标记"菜单项，把可编辑区域删除。

步骤3:插入可编辑区域后，还可以再更改它的名称。选中可编辑区域左上角的标签后，在属性面板中输入一个新名称，如下页图10-10所示。

步骤4:按下Enter键，实现重命名可编辑区域。

图10-10　可编辑区域的属性面板

五、应用模板

学习了创建模板，下面就来学习如何将创建好的模板应用到页面中。

1. 应用模板创建新文档

步骤1：执行"文件"→"新建"命令，弹出"新建文档"对话框。

步骤2：选择"模板中的页"选项卡，在"站点"列表框中选择所需站点。

步骤3：在右侧的列表框中选择所需的模板，单击"创建"按钮，如图10-11所示。

图10-11　应用模板创建新文档

2. 将模板应用于现有文档

在Dreamweaver CS5中还可以将模板应用于现有文档，具体操作步骤如下。

步骤1：选择模板，打开要套用模板的网页，如图10-12所示。

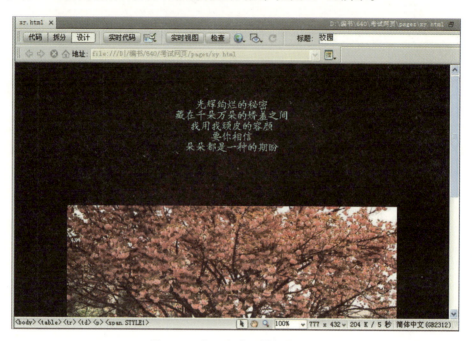

图10-12　打开要套用模板的网页

步骤2：执行"修改"→"模板"→"套用模板到页"命令，在弹出的"选择模板"对话框中，选择要应用的模板，如图10-13所示。

图10-13　"选择模板"对话框

步骤3：如果网页中有不能自动指定到模板区域的内容，便会弹出"不一致的区域名称"对话框，它主要是为网页上的内容分配可编辑区域。在对话框中的"可编辑区域"列表中选择应用的模板中的可编辑区域，在"将内容移到新区域"下拉列表框中选择将现有内容移到新模板中的区域。如果选择"不在任何地方"选项，则表示将不一致的内容从新网页中删除。

步骤4：在对话框中选中尚未分配可编辑区域的内容，如选中Document head，在"将内容移到新区域"下拉列表中选择对应的可编辑区域，如下页图10-14所示。

图10-14 分配可编辑区域的内容

步骤5：单击"确定"按钮，网页就套用了已有的模板，预览效果如图10-15所示。

图10-15 网页预览效果

步骤6：如果觉得套用的模板不合适，可以选择"编辑"菜单中"撤销应用模板"命令撤销对模板的应用，但这步操作必须紧跟着套用模板的操作，中间最好不要插入其他操作。

六、超级链接

为了使网站中的众多网页构成一个整体，必须使各网页通过超级链接的方式联系起来，也就是说，使访问者能够在各个页面之间跳转。

网络中的每个网页都是通过超级链接的形式关联在一起的，超级链接是网页中最重要、最根本的元素之一。超级链接就是当用鼠标单击一些文字、图片或其他网页元素时，浏览器就会根据其指示载入一个新的页面或跳转到页面的其他位置。浏览者可以通过鼠标单击网页中的某个元素，轻松地实现网页之间的转换或下载文件、收发邮件等。

1. 超级链接的分类

（1）按链接载体分类，把链接分为文本链接与图像链接两大类。

文本链接：用文本作链接载体，简单实用。

图像链接：用图像作为链接载体能使网页美观、生动活泼，它既可以指向单个的链接，也可以根据图像不同的区域建立多个链接。

（2）按链接目标分类，将超级链接分为以下几种类型。

内部链接：同一网站内文档之间的链接。

外部链接：不同网站文档之间的链接。

锚点链接：同一网页或不同网页中指定位置的链接。

e-mail链接：发送电子邮件的链接，可直接点击发送电子邮件。

执行文件链接：链接站点空间里的可执行程序，用于下载在线运行。

2. 链接路径

路径的作用就是定位一个文件的位置。

（1）绝对路径

绝对路径是指某个文件在网络上的完整路径，包括协议、Web服务器、路径和文件名等。简单地说，如果在浏览器地址栏中输入就能直接访问的文件地址，就可以看做是绝对路径。例如，下面的地址就是绝对路径：

$$http://www.163.com$$

绝对路径指的是精确位置，如果目标文件被移到其他位置，则超级链接无效。如果用户要创建的是外部链接，即创建不同网站文档之间的链接，则必须使用绝对路径。

（2）文件相对路径

文件相对路径是指和当前文档所在的文件夹相对的路径。

相对路径分两种情况。一种情况是相对于当前页面的，"1.html"表示和当前页面同一目录下的1.html页面，"../1.html"表示当前页面所在目录的上一级目录下的1.html页面，"/aaa/1.html"表示当前页面所在目录中的aaa目录下的1.html页面；另一种情况是相对于网站根目录来说的，这种写法都是以"/"开头的，如"/1.html""/aaa/1.html"分别表示根目录下的1.html页面、根目录下的aaa目录下的1.html页面。

3. 创建文本链接

要创建文本链接，首先应在页面上选中文本对象，然后在其属性检查器的"链接"下拉列表框中设置目标端点。如果链接的目标端点位于站点内，用户可以单击右侧的文件夹图标，打开"选择文件"对话框，从中指定要跳转到的页面，或者使用"指向文件"按钮⊕拉向所要链接的文件。设置好了目标端点后，用户还需要从"目标"下拉列表框中选择以何种方式跳转到目标页面。

_blank：单击文本链接后，目标端点页面会在一个新窗口中打开。

_parent：单击文本链接后，在上一级浏览器窗口中显示目标端点页面，这种情况在框架页面中比较常见。

_self：Dreamweaver CS5的默认设置，单击文本链接后，在当前浏览器窗口中显示目标端点页面。

_top：单击文本链接后，在最顶层的浏览器窗口中显示目标端点页面。

保存并预览页面，可以发现被设置了链接的文本会显示一条下划线（图10-16），将光标移到链接文本上，光标变成手形状，单击即可打开目标页面。

图10-16　文本链接

4. 创建图像链接

用户可以为整个图像创建链接，方法与创建文本链接相似。首先在页面中选中要创建链接的图像，然后在其属性检查器的"链接"文本框中设置目标端点位置即可。

用户也可以为同一幅图像创建多个热点区域，然后分别为这些热点区域创建链接，但创建图像热点之前，用户需要先在图像上创建热点区域。通过属性检查器的矩形囗、椭圆形〇和多边形热点工具✕，用户可根据需要在图像上绘制热点区域，然后在"地图"文本框中对热点命名。利用指针热点工具，用户可以对热点进行选择、移动、调整区域范围等，如图10-17所示。

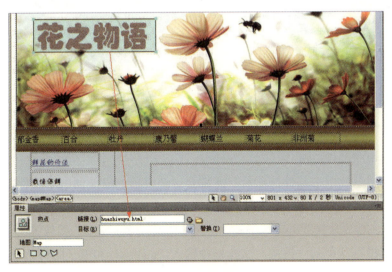

图10-17　图像链接

5. 创建锚点链接

锚点链接又称为页内链接，它通过对文档中指定的位置命名，实现单击锚点链接会直接跳转到命名锚点位置的效果。锚点链接一般用在网页篇幅较大，浏览者需要翻屏浏览的情况。因此，使用锚点链接有助于访客阅读页面。

创建锚点链接需要分两个步骤：首先定义命名锚点，然后创建到这个命名锚点的链接。

步骤1：新建一个空白的 HTML 文档，在页面中输入文档内容。

步骤2：将光标置于页首需要插入命名锚点的位置，在本例中位置为文章内容的最顶端。执行"插入"→"命名锚记"命令，打开"命名锚记"对话框。输入锚点的名称，单击"确定"按钮，如图 10-18 所示。此时，页面中光标所在位置将出现一个锚点标记，如图 10-19 所示。

图 10-18 "命名锚记"对话框　　　　图 10-19 锚点标记

步骤3：在网页文档的底部输入"返回顶部"，然后将文本"返回顶部"选中，在属性检查器的"链接"文本框中输入"#top"，如图 10-20 所示。

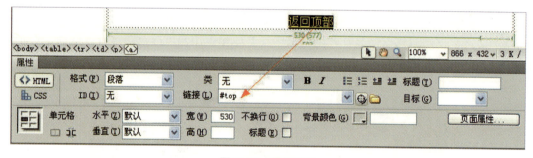

图 10-20 链接锚记

步骤4：保存并预览网页，单击页面底部的"返回顶部"链接，页面将直接跳转到页首。

6. 创建电子邮件链接

单击页面上的电子邮件链接后，通常会启动机器上安装的电子邮件客户端程序。访客可以编辑邮件，并将邮件发送到指定的地址。创建电子邮件链接的方法和创建文本链接相似，首先选择要创建电子邮件链接的网页元素（文本、图像等），然后在这些对象的属性检查器中的"链接"文本框中输入"mailto:"和电子邮件地址即可，如图 10-21 所示。

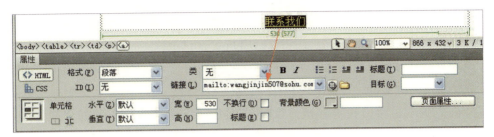

图10-21　电子邮件链接

7. 下载链接

下载链接在软件下载网站和源代码下载网站应用得比较多。下载链接的创建方法和一般链接的创建方法相同，只是所链接的内容是一个压缩文件，而不是网页文档、命名锚记或电子邮件。单击下载链接时，会弹出"文件下载"对话框，单击"保存"按钮，即可将链接的压缩文件下载到本地计算机中，如图10-22所示。

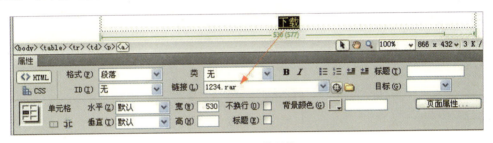

图10-22　下载链接

8. 空链接

空链接实际上是一个未设计的链接，利用空链接可激活页面上的对象或文本。一旦对象或文本被激活，当光标经过链接时，设计者便可为其附加行为以交换图片或显示层。

要创建空链接，用户只需在选定文字或图片后，在属性检查器的"链接"文本框中输入"javascript:;"或是一个"#"号就可以了。

使用"#"号的问题在于，当访问者单击链接时，某些浏览器可能跳转到页面的顶部，而单击JavaScript空链接则不会在页面上产生任何效果，因此建议用户使用"javascript:;"，如图10-23所示。

图10-23　空链接

9. 脚本链接

脚本链接是指执行JavaScript代码或调用JavaScript函数。脚本链接可以让访客不用离开当前页面就可以得到关于某个项目的一些附加信息。此外，脚本链接还可用于执行计算、表单确认和其他处理任务。

要创建脚本链接，只需在选定文字或图片后，在属性检查器的"链接"文本框中输入"javascript："，然后输入一些JavaScript代码或函数调用就可以了。例如"javascript：alert（'hello!'）"，如图10-24所示。当用户单击链接时，系统将弹出一个提示框，并提示文字信息："hello!"，如图10-25所示。

图10-24　脚本链接

图10-25　脚本链接结果

案例制作

一、创建并编辑网页模板

步骤1：启动Dreamweaver CS5，新建一个站点。

步骤2：在站点下创建子文件夹images，将图像素材复制到子文件夹下。

步骤3：新建一个网页文件，在标题栏中为网页文件设置标题"花之物语"，并设置页面属性的上边距为0像素。

步骤4：用表格来布局网页，插入4行1列的表格，表格的宽度为780像素，表格的间距为0像素，如图10-26所示。

图10-26　插入表格

步骤5：在第一行插入标题图片，第二行设置高度为47像素，插入背景图片，第三行设置背景颜色为#D0D9E2，用来放置网页中主要内容，第四行为地址栏，设置背景颜色为#A49C03，表格高度设为120像素，如图10-27所示。

图10-27　制作页面

步骤6：在表格属性中设置表格的对齐方式为居中对齐，在第二行插入1行7列的嵌套表格，表格宽度为700像素，边框为0像素，各个单元格的宽度设置为100像素，并输入文本，如图10-28所示。

图10-28　制作导航栏

步骤7：将第三行拆分成两列，将光标在第一列中闪烁，设置此单元格的属性中垂直为顶端对齐，插入4行1列的嵌套表格，表格宽度设置为70%，设置图片的背景，并按照背景调整每一个单元格高度，最后输入文本；第二列插入1行1列的嵌套表格，如图10-29所示。

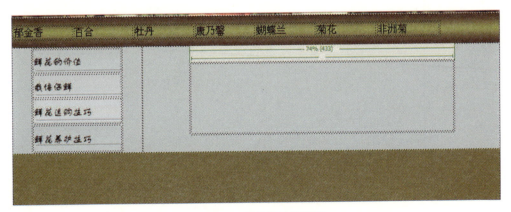

图10-29　制作链接标题栏

步骤8：单击"文件"→"另存为模板"，把网页另存为模板，如图10-30所示。更新链接，站点里会自动生成Templates文件夹，模板自动保存在此文件夹里，此时网页文件已经变成模板文件，类型为.dwt。

步骤9：将光标定位到第二个嵌套表格里，单击"插入"→"模板对象"→"可编辑区域"，在"名称"文本框中输入neirong，单击

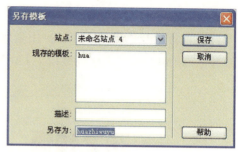

图10-30 "另存模板"对话框

"确定"按钮，此时在光标所在的单元格中插入可编辑区域的标志，以便以后我们能在各个文本上添加链接，用同样方法制作其他两个可编辑区域，如图10-31所示。

图10-31 插入可编辑区域

二、通过网页模板制作"鲜花的价值"网页

步骤1：单击"文件"→"模板中的页"选择要使用的站点和站点中的模板，单击"创建"按钮，如图10-32所示。

图10-32 使用模板创建网页

步骤2：此时网页将应用所选的网页模板内容，当鼠标指针移至非可编辑区域上时，鼠标指针将变成禁用状态，在可编辑区域为neirong的单元格中复制或输入文本的内容。

步骤3：将网页另存到站点文件夹里，并命名为xianhuajiazhi.html，预览效果如图10-33所示。

图10-33　网页预览效果

举一反三：制作"油画吧"网页模板

制作"油画吧"网页模板，如图10-34所示。

图10-34　"油画吧"网页模板

具体操作步骤如下。

步骤1：新建一个网页文件。

步骤2：插入3行1列的表格，第三行拆分为两个单元格。

步骤3：第一行插入标题图片，第二行背景颜色设置为#333333，插入1行5列的嵌套表格，对齐方式设为右对齐。

步骤4：第三行第一列背景颜色设置为#908847，插入5行1列的嵌套表格，嵌套表格的背景图片为线；第二列背景颜色设置为#EDECE4。

步骤5：按照图示分别插入可编辑区域，并设置各自的名称。

拓展知识：模板的其他应用

一、从模板分离文档

应用模板的页面，可以通过"从模板中分离"功能，转化为普通HTML页面，并且保留网页中原内容。下面以上述网页为例，具体操作步骤如下。

步骤1：打开需要从模板中分离的文档。

步骤2：执行"修改"→"模板"→"从模板中分离"命令，页面上所有的部分就都变成一个可编辑的网页了。

但是需要注意的是，一旦一个文档和模板分离以后，当这个模板被更新时，文档也就不会被自动更新了。

二、更新模板变化

修改模板后，Dreamweaver CS5会自动提示用户更新基于模板的文档，用户可以根据需要自动更新或手动更新当前文档或整个站点，具体操作步骤如下。

步骤1：把模板修改一下后保存。

步骤2：执行"修改"菜单中"模板"级联菜单下的"更新页面"命令，弹出如图10-35所示的对话框。

步骤3：在对话框中设置相应的

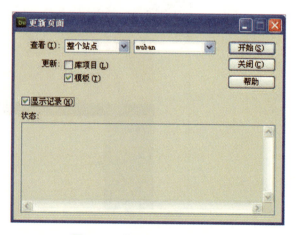

图10-35 "更新页面"对话框

参数后，单击"开始"按钮，Dreamweaver CS5 将对选定范围中由模板生成的网页进行更新，状态栏中会显示检查文件数、更新文件数等信息。

步骤4：更新完成后，单击窗口上的"关闭"按钮，结束操作。

三、更改链接颜色

步骤1：给页面添加链接。

步骤2：修改页面属性。在"页面属性"对话框中，设置"链接"选项中的"大小"为12像素，"链接颜色"为 #03C，"变换图像链接"为 #0CF，"已访问链接"为 #06F，"活动链接"为 #066，"下划线样式"为"始终无下划线"。设置的对话框如图 10-36 所示。

图10-36　"页面属性"对话框

步骤3：设置完成后，CSS 面板会加载四个超级链接的属性，如图 10-37 所示。保存页面后预览。

图10-37　CSS面板中链接属性

四、测试链接有效性

在站点中，网页之间的相互跳转是通过超级链接来实现的，因此，发布站点之前一定要确保站点中每一个超级链接的有效性，避免产生断开的超级链接。

测试超级链接有效性的基本步骤如下。

步骤1：回到主页编辑窗口，执行"文件"菜单中"检查页"级联菜单下的"链接"命令，系统就会自动检查网页中链接的有效性了，并且会把检查结果显示出来。

步骤2：如图10-38所示，结果显示本页面共有35个链接，0个断掉，0个外部链接。

图10-38　测试链接结果

单 元 小 结

库是一种用于放置在网页上的资源，而模板则是一种页面布局。

它们有个共同点，库项目和模板都与应用它们的文档保持关联，在更改库项目和模板的内容时，可以同时更新所有与之关联的页面。

模板和库的使用有利于网页风格的统一。

在链接中首先了解超级链接的作用、类型和超级链接路径的概念，这是学习在网页中设置超级链接的基础。同时，读者还要掌握文本链接、图像链接、锚点链接、电子邮件链接、下载链接等这些常用链接的创建方法，这些在网页制作中都十分重要。

单 元 习 题

一、选择题

1. 利用属性面板设置电子邮件链接时，在"链接"文本框中输入邮件地址时，要在前面添加（　　　），表示此超级链接是邮件链接。

A. e-mail B. mailto C. sendto

2. 创建空链接使用的符号是（　　　）。

A. @ B. # C. & D. *

3. Dreamweaver CS5中，在将模板应用于文档之后，下列说法中正确的是（　　　）。

A. 模板将不能被修改 B. 模板的任何区域都可以被修改

C. 文档将不能被修改 D. 文档的任何区域都可以被修改

4. 模板文件的扩展名是（　　　）。

A. .tem B. .lbi C. .html D. .dwt

5. 下列超级链接的目标选项中表示在同一框架或窗口中载入所链接文档的是（　　　）。

A. _blank B. _parent C. _self D. _top

二、填空题

1. 模板中有些区域是可以编辑的，称为_____。

2. 库与模板的作用一样，也是一种保证网页中的元素能够重复使用的工具，重复使用的是网页中的一部分结构，而_____则提供了一种重复使用网页对象的方法。

3. 要在一幅图片上建立两个以上的超级链接，可以使用_____的方法。

4. 建立空链接的方法是，在属性面板的链接框内输入_____。

三、判断题

1. 只要是超级链接的热区文本一定有下划线，不能去掉。（　　　）

2. 建立库时，系统会自动创建一个images文件夹，来存放库项目。（　　　）

3. 如果网页中的内容较多，可以在网页中使用锚点链接。（　　　）

4. 可选区域的内容不能是图片。（　　　）

5. 在图像上创建热区超级链接时，一幅图像最多可以创建一个超级链接。（　　　）

四、简答题

1. 怎样改变链接的颜色？

2. 怎样为模板加入可编辑区域？

3. 什么是库？

五、操作题

建立一个公司网页的模板，并创建模板网页。

第11单元

网页提速器——
切片运用设计

学习目标

◇ 了解切片的优势

◇ 掌握使用切片

◇ 掌握切片的文件保存形式

教学案例：为"相册"网页创建切片

案例描述和分析

此为一幅图片选辑网页的效果图，如图11-1所示，但目前只能称之为一幅完整的图片，还无法直接在Dreamweaver CS5中实现它的网页功能。要想将这幅效果图转化成在Dreamweaver CS5里可以编辑的页面，就需要对这个页面进行切割，划分成小块的区域图片，以便于网页快速下载和功能实现，也就是我们通常所说的切片。本单元我们将以图11-1所示图片为例，用Photoshop CS5的切片工具对这方面的知识进行讲解。

图11-1 "相册"网页

> **提示**
>
> 切片完成之后，会生成一个images文件夹，此文件夹最好保存在网站文件夹根目录下。

知识准备

一、切片的优势

切片是将网页转换成可编辑网页的中间环节，通过切片可把完整的页面切割成若干小图，切片的优点如下。

1. 通过切片生成的每一张小图，都可以优化和转变它的图片格式，缩减图像的大小，以此减小图片的数据量，减少网页的下载时间。

2.切片生成的小图可以相互切换，方便制作交互的效果，如翻转图像等，甚至图像的一些区域还能用HTML来代替。

3.切片完成之后，可以对不同的切片创建不同的链接，而不再需要在大的图片上创建热区。

二、Photoshop CS5软件介绍

1. Photoshop CS5软件介绍

Photoshop CS5（图11-2）是目前功能最全面的设计软件。使用Photoshop CS5，可以轻松创建网站图像、动态图像、按钮等，还可以通过切片及相关存储功能输出完整的网页框架及链接。

图11-2　Photoshop CS5

2. Photoshop CS5的工作界面

在计算机中安装好Photoshop CS5后，双击图标，即可启动Photoshop CS5，并打开操作界面，其操作界面由菜单栏、属性栏、工具栏、文档编辑区、浮动面板等各部分组成，如图11-3所示。

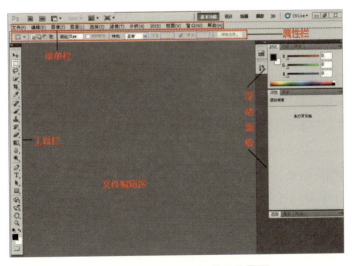

图11-3　Photoshop CS5的工作界面

（1）标题栏和菜单栏

Photoshop CS5的标题栏和菜单栏是融为一体的，位于Photoshop CS5操作界面的最上方，主要用于显示软件名、文件名和控制界面大小等用途，由文件、编辑、图像、图层、选择、滤镜、分析、3D、视图、窗口、帮助等11个菜单组成，单击相应的菜单，即可在弹出的下拉菜单中选择相应的菜单项。当屏幕需要较大空间而关闭浮动窗口的时候，菜单栏就显得尤为重要。

（2）工具栏

Photoshop CS5界面的左侧是工具栏，工具栏中的工具以图标的形式排列，从每个工具图标的形态就可以基本了解相应工具的功能。单击工具图标，可以选择使用相应工具。工具栏中包含了画笔、选择及编辑图像的各种工具，每一种工具都有特

图11-4　选区工具组

定的用途，能更好地创建、编辑图像及校正图像的色彩。要使用工具箱中的工具时，用鼠标单击要使用的工具即可，如果工具右下角有小三角形，单击它，即可打开此工具的子菜单，里面包含了这个工具组中的其他工具，用鼠标可以选择任何一个所需要的工具，如图11-4所示。

（3）属性栏

Photoshop CS5属性栏位于菜单栏的下面，用于对当前所选工具进行参数设置。大部分工具都有自己的工具属性栏，它会根据当前所选工具而显示相应的控制按钮和选项。下面为移动工具属性栏，如图11-5所示。

图11-5　移动工具属性栏

（4）浮动面板

浮动面板组默认位于Photoshop CS5软件界面的右侧，面板组集合了大量的功能，这些功能被分类到各个面板，并以叠加的方式集合成一个面板组。虽然各个面板在工作界面中已经有了相对固定的位置，但也可以用鼠标随意拖动，并且可以根据需要随时调用或隐藏面板，使设计者不再受制于屏幕大小，无需浏览器即可清楚地查看主页的整体页面效果。下页图11-6所示为色板和信息浮动面板。

3. 认识Photoshop CS5的切片工具

切片工具是用来分解图片的，用这个工具可以把图片切成若干小图片。这个工具在网页设计中运用比较广泛，可以把做好的页面效果图，按照自己的需求切成小块，并可直接输出网页格式，非常实用。切片工具属于切片面板组，快捷键为C，如下页图11-7所示。

图11-6 色板和信息浮动面板   图11-7 切片面板组

4. 切片工具的使用

（1）切片工具

当我们把鼠标停留在切片工具上，单击左键就可以选中切片工具。使用切片工具的方法和使用选区类似，在图像上拖曳出希望切片的区域即可。对于我们设计的网页版面，用户可以考虑手动进行切割，以区别出文本或图像区域；而对于普通用来展示的图像，完全可以进行均匀的简单切割，这样会更加快速和高效。方法是，当选择了切片工具后，在图像上单击右键，执行"划分切片"命令，如图11-8所示。

图11-8 "划分切片"命令

在弹出的"划分切片"对话框中，设置"水平划分为"和"垂直划分为"两项的纵向切片和横向切片的数量分别为3、3。单击"确定"之后，可以看到图像上已经出现了切片预览，如图11-9所示。

图11-9 划分切片之后的效果

在制作切片时，配合使用Shift键拖动鼠标可以创建正方形切片，配合使用Alt键拖动鼠标可以从中心向外创建切片。

（2）切片工具选项栏

切片工具选项栏的"样式"下拉列表中包含有"正常"、"固定长宽比"和"固定大小"这三种创建切片的方法，如图11-10所示。

图11-10　切片样式下拉菜单

正常：手动拖动鼠标创建所需大小的切片。

固定长宽比：可以通过设置切片的高宽比，创建长宽固定比值的切片。

固定大小：可以先设置好切片的高宽值，然后在画面中单击，即可创建设置好尺寸的切片。

方法1　基于参考线制作切片

打开需要编辑的文件，使用快捷键Ctrl+R调出标尺，我们可以利用标尺所显示的刻度单位精准地制作切片，如图11-11所示。

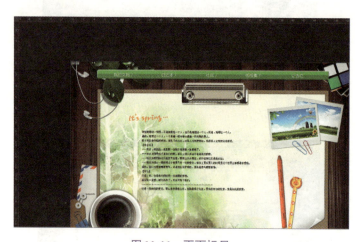

图11-11　页面标尺

通过参考线创建切片时，将删除全部现有切片。

将鼠标放置在垂直标尺上单击即可拖曳出一条垂直参考线，同样也可从水平标尺上拖曳出水平参考线，如图11-12所示。

图11-12　页面参考线

选择切片工具 ，单击工具选项栏中的"基于参考线的切片"按钮，就可在刚才拖曳出参考线位置生成依次编号的切片，如图11-13所示。

图11-13　生成切片

方法2　基于图层制作切片

在"图层"调板中选择"图层pencil"，执行"图层"→"新建基于图层的切片"命令，可基于图层创建切片，如图11-14所示。

图11-14　基于图层的切片

当移动图层或编辑图层时，切片区域也会随之自动调整。

（3）切片选择工具的使用

切片切好之后，如果想变换切片的位置和大小，可以点选工具栏上的"切片选择工具" ，单击鼠标左键选中想改变的切片，就可以随意挪动切片位置。如果想改变切片的大小，将光标移至切片定界框的控制点上，单击并拖动鼠标可以进行放大或者缩小的调整。如果想删除某个切片，可以在选中的切片上单击右键，在快捷菜单中执行"删除切片"命令，如图11-15所示。

图11-15　"删除切片"命令

> 提示
>
> 添加选择其他切片：配合使用Shift键可以选择多个切片。
>
> 移动切片：配合使用Shift键可将移动限制在垂直、水平或45°角的方向上。
>
> 复制切片：配合使用Alt键可以复制切片。
>
> 锁定切片：执行"视图"→"锁定切片"命令，可以锁定所有切片。
>
> 解除锁定：再次执行该命令可以取消锁定。

"切片选择工具栏"选项如图11-16所示。

图11-16 "切片选择工具栏"选项

切片堆叠顺序 ：在切片完成之后，生成的切片会按照先后顺序依次从下向上堆叠。如果要改变切片的堆叠顺序，可以通过这几个按钮实现。单击"置为顶层"按钮 ，可将选中切片置于所有切片之上；单击"前移一层"按钮 ，可将选中切片向上移动一层；单击"后移一层"按钮 ，可将选中切片向下移动一层；单击"置为底层"按钮 ，可将选中切片置于所有切片之下。

提升 ：可将自动切片或图层切片转换为用户切片。

划分 ：在"划分切片"对话框中，可将已生成的切片进一步划分。

对齐与分布切片 ：选中多个切片后，对它们进行整体的对齐和分布。此按钮组包括顶对齐 、垂直居中对齐 、底对齐 、左对齐 、水平居中对齐 、右对齐 、顶分布 、垂直居中分布 、底分布 、左分布 、水平居中分布 和右分布 。

隐藏自动切片 ：单击按钮，自动切片将被隐藏。

设置切片选项 ：单击按钮，可在打开的"切片选项"对话框中设置切片名称、类型并指定URL地址。

（4）设置切片选项

对选中的切片可进行编辑。使用切片选择工具，双击切片；或者在选择切片后，单击工具选项栏中的"设置切片选项"按钮 ；或者单击鼠标右键，都可以打开"切片选项"对话框，如下页图11-17、图11-18所示。

切片类型：此选项下拉列表中含有"图像"（包含图像数据）、"无图像"（可在切片中输入HTML文本，但不能导出为图像）和"表"（切片导出时将作为嵌套表写入HTML文本文件中）这三种切片内容类型。

名称：切片的名称。

URL：设置切片链接的网址。

图11-17 "编辑切片选项"命令

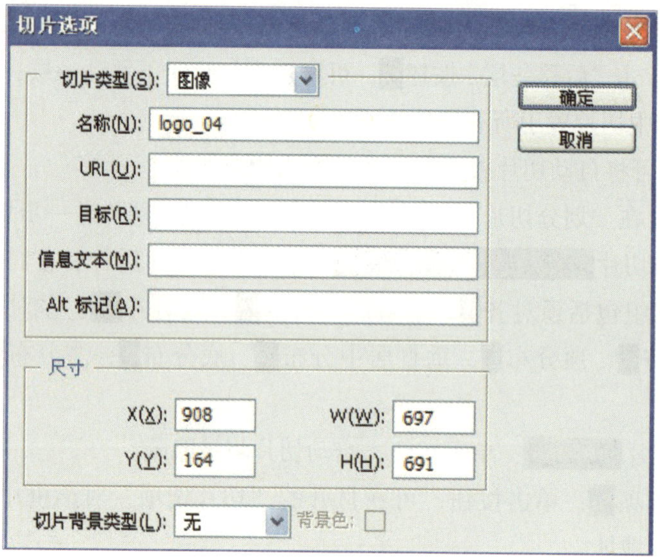

图11-18 "切片选项"对话框

目标：设置目标框架的名称。

信息文本：指定出现在浏览器中的信息。

Alt标记：用来指定选中切片的标记。

尺寸：设置切片的位置和大小。

切片背景类型：可在选项的下拉列表中选中一种颜色作为背景色。

5. 切片类型

（1）以切片内容划分

切片分为表格切片、图像切片、无图像切片。

（2）以创建方式划分

用户切片：使用切片工具创建的切片称作"用户切片"。

基于图层的切片：通过图层创建的切片称作"基于图层的切片"。

自动切片：当创建新的用户切片或基于图层的切片时，会生成附加自动切片来占据图像的其余区域。每次添加或编辑用户切片或基于图层的切片时，都会重新生成自动切片。可以将自动切片提升为用户切片。

6. 切片外观

用户切片和基于图层的切片由实线定义，而自动切片由虚线定义。默认情况下，用户切片和基于图层的切片带蓝色标记，而自动切片带灰色标记。

7. 切片标记

▣ 用户切片具有"图像"内容。

▨ 用户切片具有"无图像"内容。

✦ 切片是基于图层的切片。

▊ 切片已链接。

▧ 切片包含翻转效果。

✳ 切片包含现有翻转状态。

▦ 切片是嵌套表。

▣ 切片是远程触发器。

◈ 切片是远程目标。

8. 切片的优化和导出

网页上的图片太大，就会严重影响网页的打开速度。Photoshop CS5可以灵活地对图片进行优化，即减小图片的数据量而不影响画面的质量。切割完毕后，单击"文件"→"存储为Web所用格式"，如图11-19所示。

图11-19 "存储为Web所用格式"命令

"存储为Web所用格式"对话框可让我们在存储为一些网页兼容的格式之前，预览不同的优化设置并调整颜色调板、透明度和品质设置，如图11-20所示。

图11-20 "存储为Web所用格式"对话框

选择文件保存位置，设置好各个选项，导出为HTML文件并为Dreamweaver CS5编辑作准备，如图11-21所示。

图11-21 选择文件保存位置

存储后生成的切片文件，如图11-22所示。

图11-22　切片文件

案例制作

步骤1：启动Photoshop CS5后，执行"文件"→"打开"命令，打开图11-1中的图片。选中位于单独图层的图片，单击"图层"→"新建基于图层的切片"，为每一个图层的图像建立切片，如图11-23所示。

图11-23　基于图层的切片

步骤2：对位于一个图层的图片进一步分割，选择"切片工具"，在图层上拖曳建立切片，如图11-24所示。

图11-24　切片工具分割成的切片

步骤3：为保证不空留一行或一列的一个像素的间隙，用快捷键Ctrl+R打开标尺，Ctrl++放大视图，从标尺拖出参考线，建立基于参考线的切片。此时，切片基本完成，如图11-25所示。

图11-25　切片完成图

步骤4：切片完成之后，单击"文件"→"存储为Web所用格式"，在此对话框中进行图片的优化处理，如图11-26所示。

图11-26　"存储为Web所用格式"对话框

在"存储为Web所用格式"对话框中，可以选中每一张切片，预览优化结果。左下方的数字显示相关信息。第一行为文件格式，第二行为文件大小，第三行表示在多少Kbps的网速下打开这幅图片所需要的时间。

步骤5：单击"存储"按钮，完成图片的切割。默认保存至桌面上，在桌面上可以看到生成的图片文件夹和网页格式，如图11-27所示。

图11-27　切片文件

举一反三：为页面"文章"建立切片

为"相册"网页的子页面"文章"建立切片，如下页图11-28所示。

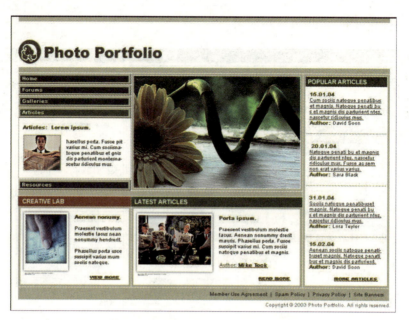

图11-28 "相册"的子页面"文章"

运用切片工具，分析页面结构，为子页面"文章"建立切片，并最终导出为网页格式。

操作步骤如下。

步骤1：为独立图层创建切片。

步骤2：用切片工具创建切片，用切片选择工具修改切片。

步骤3：切片完成后，优化导出图片，并储存为Web格式。

拓展知识：切片的原则要点

一、切片的原则

根据颜色范围来切：如果一个区域中颜色对比的范围不是很大，只有几种颜色，就可以单独把各个颜色切出来；如果一个区域中只有一种颜色，写代码的时候就可以直接用背景色来表示；用到渐变效果的话，可以单独横切或者竖切一个像素出来，后期在Dreamweaver CS5平铺一下即可。

切片大小：网页的切片切得越小越好，切片越小网页下载图片的速度就越快。标题、logo等主要部分尽量切在一个切片内，防止显示时只显示一部分。

保留源文件：即使页面切好了，也要保留带切片层的源文件，方便后期方案的修改。

二、切片优化格式的选取

1. 颜色丰富，且较大的图片保存为JPEG格式比较合适。

2. 如果要保存透明状态，只能在GIF、PNG这两个格式里选择一个。对于颜色单一、不存在发光投影效果的，保存为GIF格式；对于颜色丰富、有特殊效果的，保存为PNG格式。

单元小结

本章主要介绍了Photoshop CS5的切片功能。切片的方法包括使用切片工具、基于图层建立切片、基于参考线建立切片。此外还讲解了切片的类型、切片的外观、切片的优化。

1. 切片工具和裁剪工具共用一个快捷键C。

2. 标尺工具对切片十分有用，依据标尺建立的切片能自动吸附到标尺上，方便精确切割。对不满意的切片，可在"视图"中执行"清除切片"命令清除。

3. 按住Ctrl键然后按住鼠标可以拖曳切片，按方向键可以以一个像素为单位移动切片，按住方向键的同时按住Shift键可一次移动十个像素。

4. 按住Ctrl键和Alt键之后可以复制当前选择的切片，用此方法可以快速做出多个大小相同的切片。如果觉得切片太多或者是标尺太多，按Ctrl+H键可以进行隐藏。

5. 切片分为表格切片、图像切片、无图像切片，也可以分为用户切片、基于图层的切片、自动切片。用户切片和基于图层的切片由实线定义，而自动切片由虚线定义。默认情况下，用户切片和基于图层的切片带蓝色标记，而自动切片带灰色标记。

6. Photoshop CS5可以灵活地对图片进行优化，即减小图片的数据量而不影响画面的质量，这就是所谓的优化。

单 元 习 题

一、选择题

1. 在Photoshop CS5中，切片工具的快捷键是（　　　）。

A. A   B. B   C. C

2. 切片完成后，将优化结果储存为（　　）格式。

A. HTML和图像   B. 仅限图像   C. 仅限HTML

二、填空题

1. 颜色丰富，且较大的图片保存为_____格式比较合适。

2. 按切片内容划分，可以分为_____、图像切片和_____类型。

3. 使用切片工具创建的切片称作_____。

4. 按住_____快捷键，可以在画面中显示标尺。

5. 在"图层"调板中选择一个图层，执行"图层"→"新建基于图层的切片"命令，可基于_____创建切片。

三、简答题

1. 请写出Photoshop CS5有几种建立切片的方式？分别是什么？

2. 怎样优化并导出切片？

四、操作题

让学生为蚂蚁图库网页创建切片。

第12单元

"汽车网站"网站设计与美化

学习目标

✧ Photoshop CS5 绘制图形

✧ Photoshop CS5 制作 GIF 动画

✧ Flash 动画的分类

✧ Flash 动画的制作

教学案例：制作"汽车网站"网站

案例描述和分析

通过几种网页设计软件，制作出的"汽车网站"网站，如图12-1所示。

图12-1 "汽车网站"网站

知识准备

一、网页中banner的制作

1. 创建选区

（1）矩形和椭圆形选框工具：矩形和椭圆形选框工具是Photoshop CS5中常用的创建选区工具。选择"矩形选框工具" ⬚ 或"椭圆形选框工具" ◯，在编辑区单击鼠标左键并拖曳，即可创建一个选区。"矩形选框工具"属性栏如下页图12-2所示。

图12-2 "矩形选框工具"属性栏

羽化：设置羽化参数可以使选区的边缘变得柔和，参数越大，边缘越柔和，同时也会越模糊。

消除锯齿：用于消除不规则轮廓边缘的锯齿，从而使得选区边缘变得平滑。

样式：在下拉菜单里有"正常""固定比例""固定大小"三种样式，每种样式的含义如下所示。

正常：选择此项，在图像窗口中可以创建任意大小的选区。

固定比例：选择此项，在宽度和高度的文本框中输入所需的数值，可以创建出不同宽高比的选区。

固定大小：选择此项，在宽度和高度的文本框中输入所需的数值，可以创建出大小固定的选区。

（2）魔棒工具：运用此工具可以创建颜色相同或相近的选区。在工具栏中选择"魔棒工具" ，将光标移至需要创建选区的地方，单击鼠标左键，将会自动把图像中包含此处颜色的部分作为一个新选区。"魔棒工具"属性栏如图12-3所示。

图12-3 "魔棒工具"属性栏

容差：数值范围为0~255，输入的数值越小，选取的颜色范围越近似，范围也越小。

连续：选择此复选框后可以选中图像中连续近似的像素。

对所有图层取样：选择此复选框后，将会在所有可见图层中应用"魔棒工具"。

2. 修改选区

在创建选区时，第一次可能很难创建出理想的选区，所以要进行第二次或第三次的选择。此时可以在标题栏下选择"新选区" 、"添加到选区" 、"从选区减去" 、"与选区交叉" 四个选项，进行选区范围的增加或减少。

（1）新选区 ：创建一个新选区，但每次只能创建一个选区。

（2）添加到选区 ：若之前已有选区，再次添加时会将原有的选区增加到新选区中。

（3）从选区减去 ：若之前已有选区，再次添加时将在原有的选区中减去与新建的选区交叉的部分。

（4）与选区交叉 ：若之前已有选区，将只会保留原有的选区与新建选区的重合部分。

3. 形状工具

在工具栏中可以选择不同的形状工具，共有矩形工具、圆角矩形工具、椭圆工具、多边形工具、直线工具、自定形状工具六种，如图12-4所示。选择形状工具后，可以在标题栏下调

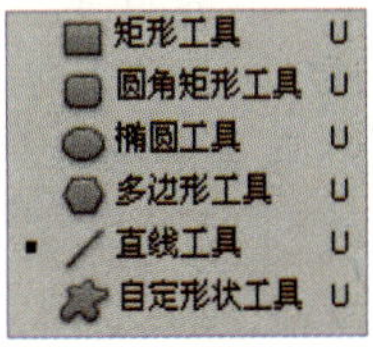

图12-4 形状工具

整各个工具的大小、粗细、不透明度等。

4. 文字工具

在 Photoshop CS5 中，共有横排文字工具、直排文字工具、横排文字蒙版工具、直排文字蒙版工具四种文字工具，如图 12-5 所示。在工具栏中选择一种文字输入工具后，在输入文字的地方单击鼠标左键，出现闪动的插入标，此时可以直接输入文字。文字工具的属性栏如图 12-6 所示。

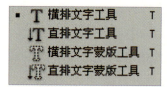

图 12-5　文字工具

图 12-6　文字工具属性栏

在属性栏中，可以修改文字的字体、字形、字号、对齐方式、文字颜色等。

5. 渐变工具

渐变工具可以使色彩发生逐渐变化。一共有线性渐变、径向渐变、角度渐变、对称渐变、菱形渐变五种渐变模式，每种渐变模式的效果如图 12-7 所示。

线性渐变　　　径向渐变　　　角度渐变　　　对称渐变　　　菱形渐变

图 12-7　五种渐变的效果

渐变工具的属性栏如图 12-8 所示。

图 12-8　渐变工具属性栏

模式：设置渐变模式和图像的混合模式。

不透明度：设置渐变效果的不透明度。

反向：勾选此选项，渐变颜色的顺序将会颠倒。

仿色：勾选此选项，渐变颜色的过渡将会更加柔和。

透明区域：勾选此选项，前面设置的不透明度才会生效。

提示

网页banner的创意：人们在浏览网页时，首先映入眼帘的信息是非常重要的。所以，作为网页旗帜的banner起到了至关重要的作用。用简单的语言或图形可以帮助浏览者在第一时间获得更多的主题信息，使得网页与浏览者之间的互动更加生动。

在设计网页banner时，往往是要把企业的logo放在明显的位置，使人们一目了然地了解到这个网页所传达的信息。设计过程中重要信息的位置也是需要用心思考的，比如人们在看东西时往往会从左边开始，所以应把最能吸引人们注意力的图片或信息放置在靠左边的位置。

具体操作步骤如下。

步骤1：打开 Photoshop CS5 软件，执行"文件"→"新建"命令，在弹出的对话框中设置参数，如图12-9所示。

图12-9 "新建"对话框

步骤2：在浮动面板的图层面板中，单击"创建新图层"按钮 ，新建图层1。在工具栏中选择"渐变工具" ，单击"渐变编辑器"，在弹出的对话框中，将第一个色标的颜色改为"R：0，G：0，B：0"，第二个色标改为"R：152，G：152，B：152"。选择"菱形渐变" ，在图像中间由上向下拉一条直线，为图层1填充渐变颜色，并将图层1的不透明度改为70%。

新建图层2，将前景色改为"R：0，G：0，B：0"，选择工具栏中"直线工具" ，在工具的属性栏中设置"粗细"为2像素，在图像编辑窗口，按住Shift键，在图像窗口的右上角按住鼠标左键向左下方拖曳，绘制出一条倾斜45°的线，如下页图12-10所示。

图12-10　使用直线工具

步骤3：不断复制直线，并按住键盘上的方向键↑或→，调整斜线的位置后合并图层，并将混合模式改为"柔光"，不透明度改为40%。

在图层面板中，复制刚才合并的斜线图层，单击"编辑"→"自由变换"，单击鼠标右键，选择"水平翻转"，按Enter键确定，效果如图12-11所示。

图12-11　重叠直线后的效果

步骤4：适当调整图层1与图层2的大小与位置，并为图层1添加斜面和浮雕、渐变叠加、描边图层样式，具体参数如图12-12所示。

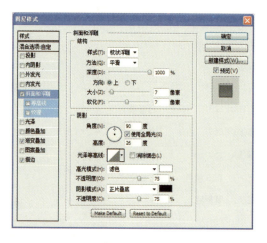

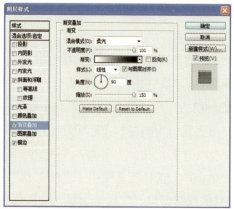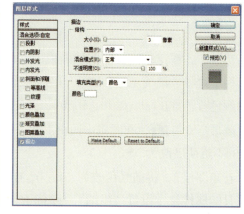

图12-12　添加图层样式

完成后的效果如图12-13所示。

图12-13 调整后效果

步骤5：将素材bm.png拖曳至图像内，使用对齐工具移至中间的位置，如图12-14所示。

图12-14 添加logo

步骤6：按Shift+Ctrl+Alt+E键，盖印图层。执行"滤镜"→"渲染"→"镜头光晕"命令，选择"105毫米聚焦"，将亮度改为50%，在logo上部添加一个光照效果，如图12-15所示。

图12-15 为logo添加光照效果

步骤7：在图像上添加文字内容，完成后效果如图12-16所示。

图12-16 完成效果

盖印图层：就是把所有图层拼合后的效果变成一个图层，但也保留了之前所有的图层。盖印图层后，如果对处理效果不太满意，还可以删除盖印图层，之前做的效果图层还在。

二、网页中logo的制作

图层样式：在"图层样式"里有许多预先定义好的样式，可以快速制作一些图像或者文字的特效，如图12-17所示。

投影：为图像或文字等后面添加阴影效果。

内阴影：为图像或文字等的内边缘添加阴影，使其具有凹陷效果。

外发光：为图像或文字等的边缘向外添加发光效果。

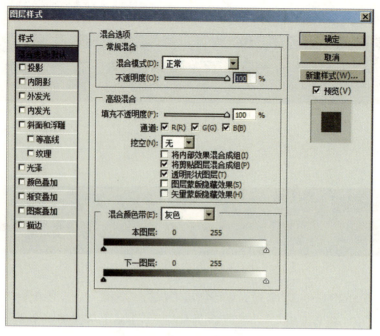

图12-17 "图层样式"对话框

内发光：为图像或文字等的边缘向内添加发光效果。

斜面和浮雕：为图像或文字等增加立体感。

光泽：为图层内部增加阴影，创建光滑的效果。

颜色叠加：为图层对象上叠加一种颜色。

渐变叠加：为图层对象上叠加一种渐变颜色。

图案叠加：为图层对象上叠加图案。

描边：为图像或文字等的轮廓进行描绘。

提示

进入一个网页，最引人注意的就是网页的logo，它是网页中的重要组成部分，就像一个网页的名片一样。一个精美的网页logo，不仅可以宣传网页，还可以增强视觉传达效果，给人们留下深刻印象。

在设计网页logo时，首先要对设计logo的企业进行深入了解，如公司文化、公司背景、所要传达的文化思想等。在对logo的内容全面了解后，要开始根据各种形式美法则，对logo进行创意设计。

具体操作步骤如下。

步骤1：在Photoshop CS5中新建文件，参数如图12-18所示。将背景颜色改为"R：245，G：240，B：210"。

图12-18 "新建"对话框

步骤2:执行"视图"→"标尺"命令，拉出两条参照线。新建图层1，选择"椭圆选框"工具 ⊙，羽化设为0像素，按住Shift键在编辑窗口绘制一个正圆形。填充颜色为"R：79，G：5，B：80"，如图12-19所示。

复制图层1，对图层1副本进行自由变换，按住Shift键等比例缩小。选择渐变工具，将第一个渐变色标调整为"R:0，G:0，B:0"，第二个渐变色标调整为"R:124，G:94，B:3"。锁定图层1副本的透明像素，使用线性渐变进行填充，如图12-20所示。

图12-19 新建圆形

图12-20 填充渐变颜色

步骤3：新建图层2，选择"椭圆选框"工具 ⊙，在编辑窗口中画一个正圆，填充颜色为"R：79，G：5，B：80"，如下页图12-21所示。

步骤4：使用矩形选区工具，在图层2上建立选区，锁定透明像素，填充颜色为"R：73，G：28，B：74"，第二个渐变色标为"R：56，G：6，B：57"的渐变色，如下页图12-22所示。

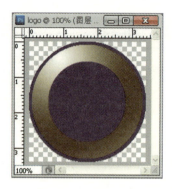
图12-21 绘制小圆

图12-22 添加渐变颜色后的效果

步骤5：同样的方法填充其他三个块的颜色，浅紫色部分渐变颜色为"R：115，G：85，B：115"到"R：255，G：255，B：255"的渐变，如图12-23所示。

为图层2添加浮雕和光泽样式，如图12-24所示。

步骤6：添加文字内容，最终效果如图12-25所示。注意保存为logo.png的透明图片。

图12-23 添加内发光样式

图12-24 添加浮雕和光泽样式

图12-25 logo最终效果

三、网页中GIF动画的制作

动画（帧）：首先选择"窗口"，在下拉菜单中勾选"动画"，弹出"动画（帧）"的编辑区，如图12-26所示。

图12-26 "动画（帧）"编辑区

要添加第二帧的时候，选择"复制所选帧"　即可；也可以选择"过渡动画帧"　，在弹出的对话框中修改"要添加的帧数"，如图12-27所示。

图12-27 "过渡"对话框

播放制作好的动画可单击"播放动画"按钮 ▶。若要删除帧，选择帧后单击"删除所选帧"按钮 🗑 即可。

具体操作步骤如下。

步骤1：在Photoshop CS5中新建文件，如图12-28所示。将背景颜色改为黑色。

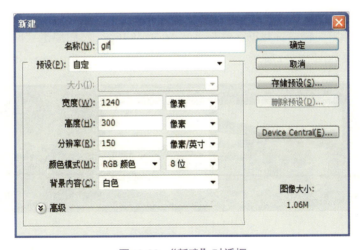

图12-28 "新建"对话框

步骤2：选择"窗口"，在下拉菜单中勾选"动画"选项。将所给的素材图片gif.jpg拖曳至背景中，自动生成图层1。根据图片的大小，在背景中拉出两条辅助线。

将图层1移至背景图像右边缘处，如图12-29所示。

图 12-29　添加辅助线

步骤3：在动画窗口中，选择第一帧，将时间改为0.3秒，点击"复制所选帧"。在第二帧中，按键盘的右移动键，将图层1进行轻微的向右平移。同样的方法新建80帧左右，直到图层1图片的最右边缘消失在背景图像的最左边缘，如图12-30所示。

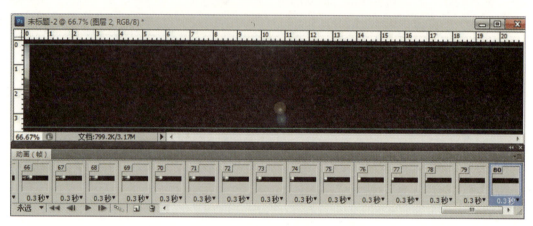

图 12-30　添加和编辑帧

步骤4：完成后选择"文件"，在下拉菜单中选择"存储为Web和设备所用格式"，在弹出的对话框中，将"优化的文件格式"改为"GIF"，然后单击"储存"。

完成后效果如图12-31所示。

图 12-31　完成效果

四、网页中Flash动画的制作

1. 工作界面

启动 Adobe Flash CS4后，其工作界面如图12-32所示。主要由菜单栏、工具箱、编辑区、时间轴、属性面板、浮动面板等几部分组成。

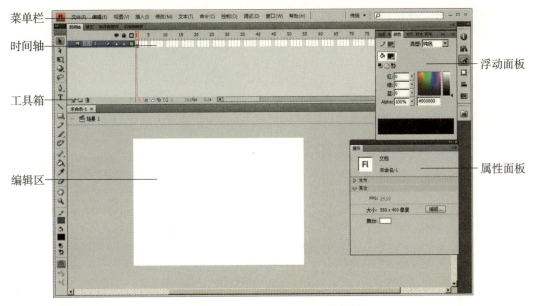

菜单栏

时间轴

工具箱

编辑区

浮动面板

属性面板

图 12-32 Adobe Flash CS4 工作界面

2. 导入图像

选择"文件"→"导入",在下拉菜单中可以选择"导入到舞台""导入到库"等。"导入到舞台"是将图像导入到库的同时添加到当前文档;"导入到库"是将图像导入到库中,如果想要在场景中使用,可以从库中拖曳出来。

3. 分离位图

Adobe Flash CS4 中导入的图像是一个整体的,只能对其进行变形和移动操作,不能进行局部修改。若想要对其进行局部修改,就要将图像进行分离。执行"修改"→"分离"命令,即可将导入的位图进行分离,也可以使用快捷键 Ctrl+B,如图 12-33 所示。

图 12-33 原始图形和分离后的图形

4. 库

在 Adobe Flash CS4 中,库可以对动画中的元件进行管理。在库面板中,有标题栏、预览窗口、列表栏、库文件等,如下页图 12-34 所示。

5. 元件

元件是指在 Adobe Flash CS4 中创建的图形、按钮、影片剪辑。通过元件,可以更好地管理每个动画元素的部分,并可以重复使用,是动画中最基本的元素。选择"插入"→"新建元件"即可,如下页图 12-35 所示。

图 12-34 库面板   图 12-35 "创建新元件"对话框

6. 时间轴

时间轴是制作动画的关键部分，在播放动画时会按照时间轴的排放顺序连续地显示画面。在时间轴的编辑窗口中，分为层控制区和帧控制区两部分，层控制区位于左侧，相对应的是图层的帧控制区，如图 12-36 所示。

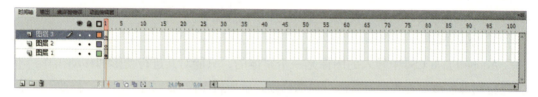

图 12-36 时间轴编辑区

7. 帧

帧就是影像动画中最小单位的单幅摄影画面，一帧就是一幅静止的画面。在 Adobe Flash CS4 中，设置帧频率可以控制动画的快慢，标准动态图像的帧频率是 24fps。帧的种类分为普通帧、关键帧、空白关键帧等。

普通帧：用于继承它左边关键帧的内容，是关键帧的延续。

关键帧：是一个具有内容并可以对内容的改变起决定作用的帧。

空白关键帧：是一个没有内容的关键帧，可以在其中创建内容。

8. 补间

在 Adobe Flash CS4 中，共有补间形状、补间动画、传统补间三种。

补间形状：矢量图由一种形状逐渐变为另一种形状的动画。注意，只能实现两个矢量图间的变化，同时大小、颜色、形状等都会跟着变化。在时间轴上显示为绿色背景。

补间动画：同传统补间一致。在时间轴上显示为蓝色背景。

传统补间：元件由一个位置到另一个位置的变化。在时间轴上显示为紫色背景。

提示

　　网页中Flash动画的创意：目前，有超过一半的网页包含Flash动画，它在网页中的作用不可忽视。Flash动画往往是网页中的第一视觉中心，在静态的网页中添加Flash动画，可以调动浏览者的积极性，给人一种活跃的心理感受。但在设计时也要注意，不可做得过于烦琐，这样可能会因为文件体积大而使网页加载缓慢；也不可制作得太乱、太花哨，这样会使浏览者眼花缭乱、缺乏信任感。

具体操作步骤如下。

步骤1：在Adobe Flash CS4中选择"文件"→"新建"，在弹出的对话框中选择"Flash文件（ActionScript2.0）"，如图12-37所示。进入编辑区域，在属性中将大小改为"920×100像素"，舞台颜色为白色，如图12-38所示。

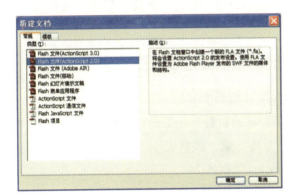

图12-37　"新建文档"对话框　　　　图12-38　设置文档属性

步骤2：导入到舞台一幅名为"Flash素材"的jpg图片。在导入的图片上单击鼠标右键，选择"任意变形"，按住Shift键拉动图片，使图片同比例缩放，如图12-39所示。在图片上单击鼠标右键，选择"转换为元件"，在弹出的对话框中，将名称改为logo。

图12-39　导入图片

步骤3：在"时间轴"编辑窗口中，选择图层1的第一帧，单击鼠标右键，选择"插入关键帧"。单击logo元件图形，打开属性面板，在"色彩效果"的"样式"下拉菜单中选择"Alpha"，并将不透明度改为0%，如下页图12-40所示。

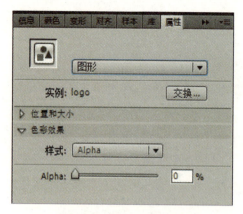

图12-40 设置图片属性

同样的方法，在第10帧、20帧、30帧、40帧、50帧、60帧、70帧、80帧、90帧、100帧、110帧、120帧、130帧、140帧的位置分别插入关键帧，并将Alpha不透明度分别改为20%、40%、60%、80%、100%、80%、60%、40%、20%、0%、20%、40%、60%、80%。插入后，框选住1~140帧，单击鼠标右键，选择"创建传统补间"，如图12-41所示。

图12-41 创建传统补间

步骤4：新建图层2，鼠标点击第一帧的位置，在工具栏中将"笔触颜色"和"填充颜色"都修改为黑色。选择"刷子工具" ，调整大小后在编辑区域的最右边单击鼠标左键，并将其转换为元件，名称改为"圆点"。

步骤5：在图层2的第20帧位置，插入一个关键帧，并向左平移元件"圆点"，如图12-42所示。第40帧位置，插入一个关键帧，继续向左平移元件"圆点"，如图12-43所示。

图12-42 新建"圆点"并进行移动

图12-43 向左平移元件"圆点"

同样的方法，继续在图层2中插入关键帧到第140帧，并创建补间动画。让元件"圆点"沿着元件logo的外边缘不断移动，最终停留在左侧。

步骤6：在图层2的第150帧处插入关键帧，将元件"圆点"同比例放大。在第140帧时鼠标右键单击元件"圆点"，选择"分离"，同样将第150帧的元件"圆点"也进行分离。选择140~150帧的区域，单击鼠标右键，选择"创建补间形状"，如图12-44所示。

图12-44 创建补间形状

步骤7：在图层2的第160帧处插入关键帧，在编辑区域删除元件"圆点"，并在原位置上输入文字"首页"并进行分离，设置为"创建补间形状"，如图12-45所示。

图12-45 创建补间形状

步骤8：鼠标点击图层2的第160帧处，按F9弹出"动作-帧"对话框，双击stop，为第160帧添加一个停止命令，如图12-46所示。

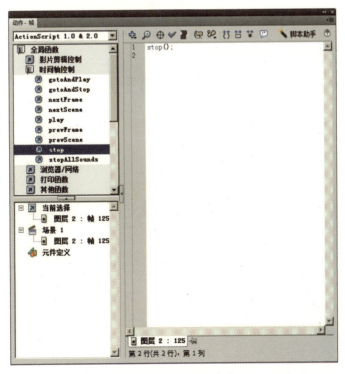

图12-46 添加停止命令

步骤9：单击"控制"→"测试影片"，对制作好的Flash动画进行预览。选择"文件"→"导出"→"导出影片"，即可对所做的Flash动画进行保存。

同样的方法，制作其他几个Flash动画。

五、在Dreamweaver CS5中合成网页

具体操作步骤如下。

步骤1：创建站点"汽车网站"。

步骤2：创建主页文件并设置主页的标题，进行保存。

步骤3：创建模板并对模板进行布局，样式及尺寸如图12-47所示。

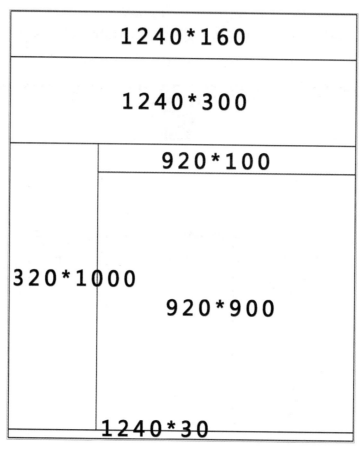

图12-47　布局图

步骤4：创建模板中的页，添加每个网页中的banner、logo、GIF动画及Flash动画等。

步骤5：添加文字内容、行为等进行修饰。

步骤6：为每个网页进行链接。

步骤7：保存网页并进行预览。

步骤8：申请并上传站点。

完成后的子页面效果如下页图12-48所示。

图12-48 子页面效果图

单 元 小 结

　　网络已成为人们生活的重要组成部分，由此一个新兴的专业——网页设计诞生了。网页设计的工具很多，目前使用最为广泛的是 Dreamweaver。实际上 Dreamweaver 仅是一个网页元素的组织者，它把构成网页的各种文字、图像、声音、视频、动画等元素有机地组织在一起。网页的美观效果主要取决于文字、图像的有机结合。在网页设计过程中，Photoshop 有着极大的作用，正确使用 Photoshop 处理图像可以增加网页的美观度，提高网页的下载速度、制作效率，但很多人对 Photoshop 软件在网页设计中对网页元素的整合作用认识不足，没有使这个软件发挥其应有的作用。Photoshop 是功能非常强大的平面图像编辑工具，基本上其他图像编辑工具能做的，它都能做到。

　　本章详细讲解了如何使用 Photoshop 和 Flash 等制作网页中的 banner、logo、GIF 动画和 Flash 动画。通过学习，使我们对网页设计有了更全面、更系统地认知，并了解到要制作好一个网页是需要不同设计软件互相配合的。

单 元 习 题

一、选择题

1. Photoshop CS5 中渐变工具不能在下面（　　　）下的图像中使用。

A. RGB 颜色模式 　　　　　　　B. CMYK 颜色模式

C. Lab 颜色模式 　　　　　　　D. 索引颜色模式

2. Photoshop CS5 中利用单行或单列选框工具选中的是（　　　）。

A. 拖动区域中的对象 　　　　　B. 图像横向或竖向的像素

C. 一行或一列像素 　　　　　　D. 当前图层中的像素

3. Photoshop CS5中利用渐变工具创建从黑色至白色的渐变效果，如果想使两种颜色的过渡非常平缓，下面操作中有效的是（　　　）。

A. 使用渐变工具做拖动操作，距离尽可能拉长

B. 将利用渐变工具拖动时的线条尽可能拉短

C. 将利用渐变工具拖动时的线条绘制为斜线

D. 将渐变工具的不透明度降低

4. Photoshop CS5中在使用矩形选框工具的情况下，按住（　　　）可以创建一个以落点为中心的正方形选区。

A. Ctrl+Alt 键　　　　　　　　B. Ctrl+Shift 键

C. Alt+Shift 键　　　　　　　　D. Shift 键

5. 在使用Flash按钮进行超链接时，Flash按钮的名称（　　　）。

A. 可以为中文　　　　　　　　B. 只能为中文

C. 不能为中文　　　　　　　　D. 存放路径可以为中文

二、操作题

运用Dreamweaver、Photoshop、Flash等网页设计工具，设计一个模板网页，注意合理的设计网页布局、色彩搭配等。内容：为自己喜欢的品牌做一个宣传网页。